技能実習レベルアップ　シリーズ 2

機械加工

普通旋盤・フライス盤

公益財団法人 国際人材協力機構

JITCO

JN120249

は　じ　め　に

　この本は，技能実習が効果的に行われるよう，職種別の専門分野について解説したテキストで，毎日の技能実習で行う標準的な作業内容や手順，注意点などをコンパクトに纏めています。特に，技能実習生が受検する技能検定に役立つよう内容に工夫を凝らしています。

　技能実習生に分かり易いものとなるよう，この本はできるだけ図や写真を多く盛り込み，漢字には「読み仮名」をつけております。また巻末に現場でよく使われる言葉を集めた「用語集」をつけています（ご協力をいただいた関連資料の引用文献一覧表も掲載しています）。

　技能実習用のテキストとして，また予習・復習などの技能実習生の自習用のテキストとして，あるいは技能検定受検のための勉強用テキストとしてご活用下さい。

　技能実習生の皆さん，日本へようこそ！

　皆さんは日本での技能実習に大きな期待を抱いていることと思います。是非このテキストを利用しながら，技能実習中に分からないことや，疑問に思うことを技能実習指導員や職場の先輩方に質問し，多くの技能や知識を身につけて下さい。

　作業の安全と自身の健康に気をつけながら，皆さんが実りある技能実習の成果をあげられることを願っております。

2020年8月

公益財団法人　国際人材協力機構

目<ruby>目<rt>もく</rt></ruby> 次<ruby>次<rt>じ</rt></ruby>

第8章　安全衛生

私たちが目指す技能目標

機械加工の現状

　産業機械・装置，自動車，電機等には多くの部品が使われている。これらの部品は工作機械を使って，機械加工して生産される。機械加工の主な作業は切削加工である。
　機械加工は，大きく分けると汎用機械を使った手作業による方法と，NC（Numerical Control：数値制御）機械を使った自動化による方法がある。最近の機械加工工場では，部品の製造にNC機械やCAD（Computer-aided Design：コンピュータによる設計）／CAM（Computer-aided Manufacturing：コンピュータを利用した製造システム）等が用いられ，デジタル化が進んでいる。デジタル化により，多種の製造をロット生産することも可能になった。
　このようなデジタル化は突然やってきたのではない。旧来の汎用機械を使った手作業の技術・技能が基礎になっている。デジタル化による部品の製造を修得するには，手作業の加工技術・技能は不可欠である。依然として手作業の切削加工を主体としている工場もある。また，最終的に手作業に頼らなければならない製品もある。その意味で，手作業による機械加工は大変重要である。
　機械加工作業では，次の点を心がけなければならない。
　①ものづくり………良いもの（品質）を安く（低コスト），早く（時間短縮）つくる。指定された精度に仕上げる。最近は，特定の製品を大量に，あるいは多品種の製品を少量つくるという生産方式になっている。
　②生産管理…………決められた期日内で効率よく，省エネルギーに配慮しながらつくる。製品の品質管理を行う。
　③安全作業…………危険な作業をしてはならない。小さな怪我もしないように注意する。整理・整頓等の作業環境に配慮する。

機械加工技能者の技能資格

　日本には，作業者の技能を評価するシステムとして，技能検定という国家資格がある。技能検定は職種ごとのレベルに応じて「試験科目及びその範囲並びにその細目」が示されている。試験レベルは図1に示すように，高いものから特級，1級，2級，3級，基

礎級に分かれている。技能実習で活用されるレベルは，2級（第3号技能実習），3級（第2号技能実習），基礎級（第1号技能実習）である。

このテキストで取り上げる「機械加工」の範囲は，普通旋盤作業とフライス盤作業を中心としている。

なお，機械加工技能検定試験2級，3級，基礎級の試験科目及びその範囲並びにその細目を表1，表2，表3に示す。

目指す技能目標

外国人技能実習生が第1号技能実習から第2号技能実習に移行する，または第2号技能実習から第3号技能実習に移行するためには，それぞれ基礎級（学科及び実技），3級（実技）に合格しなければならない。

また，第2号技能実習を修了する技能実習生は3級（実技必須），第3号技能実習を修了する技能実習生は2級（実技必須）を受検しなければならない。

（等級）	（技能及びこれに関する知識の程度）	（受検時期）
特級	検定職種ごと管理者又は監督者が通常有すべき技能及びこれに関する知識の程度	
1級	検定職種ごとの上級の技能労働者が通常有すべき技能及びこれに関する知識の程度	
2級	検定職種ごとの中級の技能労働者が通常有すべき技能及びこれに関する知識の程度	第3号技能実習修了時点
3級	検定職種ごとの初級の技能労働者が通常有すべき技能及びこれに関する知識の程度	第2号技能実習修了時点
基礎級	検定職種に係る基本的な業務を遂行するために必要な基礎的な技能及びこれに関する知識の程度	第1号技能実習修了時点

技能実習生は、基礎級から2級の段階が対象になります。

図1　「機械加工」技能検定のレベルと技能実習

表 1　2 級「機械加工」技能検定試験科目及びその範囲と細目

試験科目及びその範囲	技能検定試験の基準の細目
学科試験 1　工作機械加工一般 　　工作機械の種類及び用途	1　次に掲げる工作機械（数値制御式のものを含む。）の種類及び用途について一般的な知識を有すること。 　(1)　旋盤　　　　(2)　フライス盤　　　(3)　ブローチ 　(4)　ボール盤　　(5)　中ぐり盤　　　　(6)　研削盤 　(7)　歯切り盤　　(8)　歯車研削盤　　　(9)　歯車仕上げ盤 　(10)　ラップ盤　　(11)　ホーニング盤　　(12)　超仕上げ盤 　(13)　マシニングセンタ　　　　　　　　　(14)　金切り盤 　(15)　バフ盤　　(16)　放電加工機　　　(17)　電解加工機 　(18)　電子ビーム加工機　　　　　　　　　(19)　レーザー加工機 2　旋盤，フライス盤，ボール盤，中ぐり盤，歯切り盤，研削盤及びマシニングセンタに関し，次に掲げる事項について一般的な知識を有すること。 　(1)　主要部分の名称 　(2)　大きさの表し方 　(3)　主軸受，案内面等の種類，構造及び機能 3　数値制御工作機械の加工に関し，次に掲げる事項について一般的な知識を有すること。 　(1)　数値制御装置　　　　(2)　マニュアルプログラミング 　(3)　座標系　　　　　　　(4)　位置決め制御，補間制御 　(5)　工具補正　　　　　　(6)　自動プログラミング
バイト，フライス，ドリル及び研削といしの種類及び用途	バイト，フライス，ドリル，研削といし等に関し，次に掲げる事項について一般的な知識を有すること。 　(1)　おもな種類及び用途 　(2)　刃物及びと粒の切削作用 　(3)　研削といしの最高使用周速度及び取扱い
切削油剤の種類及び用途	切削油剤に関し，次に掲げる事項について一般的な知識を有すること。 　(1)　水溶性切削油剤及び不水溶性切削油剤の種類及び用途 　(2)　工作物の材質及び切削条件に応じた切削油剤の種類，用途及び効果
潤滑方式	潤滑に関し，次に掲げる事項について一般的な知識を有すること。

— 4 —

	(1) おもな潤滑剤の種類，性質及び用途
	(2) おもな潤滑方式の性質及び用途
	(3) 潤滑の効果
油圧装置の種類及び油圧図記号	油圧装置に関し，次に掲げる事項について一般的な知識を有すること。
	(1) 油圧ポンプ，弁等油圧機器の種類及び用途
	(2) おもな油圧図記号
	(3) 基本的な油圧駆動回路
ジグ及び取付け具の種類及び用途	ジグ及び取付け具に関し，次に掲げる事項について一般的な知識を有すること。
	(1) ジグの取扱い上の注意事項
	(2) 取付け具に関し，次の事項
	イ　おもな取付け具の種類，形状及び用途
	ロ　工作物の種類，形状及び重量に応じた取付け具の選択及びその使用方法
工作測定の方法	工作測定に関し，次に掲げる事項について一般的な知識を有すること。
	(1) 次の測定器具の種類，構造，最小読取り値，測定範囲，精度及び使用方法
	イ　マイクロメータ等実長測定器
	ロ　ダイヤルゲージ等比較測定器
	(2) 次の事項の測定方法
	イ　長さ　　ロ　角度　　ハ　表面粗さ　　ニ　平面度
	ホ　真直度　へ　直角度　ト　真円度　　チ　円筒度
	リ　平行度　ヌ　同心度
	(3) 測定誤差と次の事項との関係
	イ　温度　　ロ　器差　　ハ　測定力
品質管理	次に掲げる品質管理用語の意味について概略の知識を有すること。
	(1) 規格限界　　(2) 特性要因図　　(3) 度数分布
	(4) ヒストグラム（柱状図）　　　　(5) 正規分布
	(6) 管理図　　(7) 抜取り検査　　(8) パレート図
2　機械要素	
機械の主要構成要素の種類，形状及び用途	機械の主要構成要素に関し，次に掲げる事項について一般的な知識を有すること。
	(1) 次のねじ用語の意味
	イ　ピッチ　ロ　リード　ハ　条数　ニ　ねじれ角

ホ　効率　　　ヘ　呼び径　　　ト　有効径

(2)　ねじの種類，形状及び用途

(3)　ボルト，ナット，座金等のねじ部品の種類，形状及び用途

(4)　次の歯車用語の意味

イ　モジュール　ロ　ピッチ（円ピッチ）

ハ　基準円（ピッチ円）　ニ　歯厚　　ホ　圧力角

ヘ　歯の高さ　　ト　歯形

チ　円周方向バックラッシュ及び法線方向バックラッシュ

（バックラッシュ）

(5)　次の歯車の形状及び用途

イ　平歯車　　　　ロ　はすば歯車　　　　ハ　かさ歯車

ニ　ウォーム及びウォームホイール

ホ　ラック及びピニオン

ヘ　ねじ歯車

(6)　次のものの種類及び用途

イ　キー，コッタ及びピン　ロ　軸，軸受及び軸継手

ハ　リンク及びカム装置　　ニ　リベット及びリベット継手

ホ　ベルト及び鎖伝導装置　ヘ　ブレーキ及びばね

ト　管，管継手，弁及びコック

チ　パッキン及びシール類によるシーリング

3　機械工作法
　　けがき一般

けがきに関し，次に掲げる事項について概略の知識を有すること。

(1)　けがき作業用工具及び塗料の種類，用途及びその使用方法

(2)　けがき作業に関し，次の事項

イ　部品のすえ付方法　　　ロ　中心の求め方

ハ　寸法の取り方

　　手仕上げ

手仕上げに関し，次に掲げる事項について概略の知識を有すること。

(1)　おもな手仕上げ作業の種類

(2)　おもな手仕上げ作業用工具の種類及び用途

　　その他の工作法

次に掲げる工作法のおもな種類及び特徴について概略の知識を有すること。

イ　鋳造　　ロ　鍛造　　ハ　製缶及び板金　　ニ　溶接

ホ　表面処理　ヘ　放電加工　ト　電解加工

4　材料
　　金属材料及び非金属材料の種類，

成分，性質及び用途	1　次に掲げる金属材料及び非金属材料の種類，化学成分及び用途について概略の知識を有すること。 (1)　炭素鋼　　(2)　合金鋼　　(3)　工具鋼　　(4)　鋳鋼 (5)　鋳鉄　　　(6)　アルミニウム及びアルミニウム合金 (7)　銅及び銅合金　　　(8)　チタン及びチタン合金 (9)　鉛，すず等の合金　(10)　超硬合金 (11)　セラミックス　　　(12)　その他の工業材料 2　次に掲げる事項について概略の知識を有すること。 (1)　引張り強さ　(2)　伸び　(3)　かたさ　(4)　じん性 (5)　熱膨張　　(6)　熱伝導　(7)　加工硬化　(8)　展延性
金属材料の熱処理	熱処理に関し，次に掲げる事項について一般的な知識を有すること。 (1)　次の熱処理の方法，効果及びその応用 　　イ　焼なまし　　ロ　焼ならし　　ハ　焼入れ 　　ニ　焼もどし　　ホ　表面硬化
材料試験	材料試験に関し，次に掲げる事項について概略の知識を有すること。 (1)　次の試験方法及びそのおもな試験機の種類 　　イ　引張り試験　ロ　曲げ試験　　ハ　衝撃試験 　　ニ　硬さ試験　　ホ　火花試験 (2)　次の非破壊検査法の原理及び用途 　　イ　放射線透過試験法　　ロ　超音波深傷法 　　ハ　磁粉探傷法　ニ　浸透深傷法　ホ　渦流深傷法 　　ヘ　AE（アコースティック・エミッション）法
5　材料力学 　　荷重，応力及びひずみ	1　荷重，応力及びひずみに関し，次に掲げる事項について概略の知識を有すること。 (1)　荷重及び応力の種類 (2)　荷重，応力，ひずみ及び弾性係数の関係 2　次に掲げる事項について概略の知識を有すること。 (1)　応力－ひずみ図　　　(2)　応力集中 (3)　安全率　　　　　　　(4)　金属材料の疲労
6　製図 　　日本工業規格に定める図示法，材料記号及びはめあい方式	1　日本工業規格の図示法に関し，次に掲げる事項について一般的な知識を有すること。 (1)　投影及び断面　　　　　(2)　線の種類 (3)　ねじ，歯車等の略画法　(4)　寸法記入法 (5)　仕上げ記号　　　　　　(6)　表面粗さの表示法

	(7) 溶接記号　　　　　　　　(8) 加工法の略号 (9) 平面度，直角度等の表示法 2　金属材料のおもな材料記号について一般的な知識を有すること。 3　日本工業規格に定めるはめあい方式の用語，種類及び等級等について一般的な知識を有すること。
7　電気 　　電気用語	次に掲げる電気用語に関し，概略の知識を有すること。 (1) 電流　　　(2) 電圧　　　(3) 電力　　　(4) 抵抗 (5) 周波数　　(6) 力率
電気機械器具の使用方法	電気機械器具の使用方法に関し，次に掲げる事項について概略の知識を有すること。 (1) 交流電動機の回転数，極数及び周波数の関係 (2) 電動機の起動方法 (3) 電動機の回転方向の変換方法 (4) 電動機に生じやすい故障の種類 (5) 開閉器の取付け及び取扱い (6) 回路遮断器の性質及び取扱い (7) 電線の種類及び用途 (8) 直流電動機
8　安全衛生 　　安全衛生に関する詳細な知識	1　機械加工作業に伴う安全衛生に関し，次に掲げる事項について詳細な知識を有すること。 (1) 機械，器工具，原材料等の危険性又は有害性及びこれらの取扱方法 (2) 安全装置，有害物抑制装置又は保護具の性能及び取扱方法 (3) 作業手順 (4) 作業開始時の点検 (5) 機械加工作業に関して発生するおそれのある疾病の原因及び予防 (6) 整理・整頓及び清潔の保持 (7) 事故時等における応急措置及び退避 (8) その他，機械加工作業に関する安全又は衛生のために必要な事項 2　労働安全衛生法関係法令（機械加工作業に関する部分に限る。）について詳細な知識を有すること。
9　前各号に掲げる科目のほか，次に掲げる科目のうち，受検者が選択するいずれ	

か一つの科目 イ　旋盤加工法 　旋盤の種類，構造，機能及び用途	旋盤（数値制御旋盤を含む。以下同じ。）に関し，次に掲げる事項について詳細な知識を有すること。 　(1)　各種の旋盤の特徴及び用途 　(2)　旋盤に関し，次の装置の一般的な構造及び機能 　　イ　主軸駆動装置　　　　　　　　ロ　送り装置 　　ハ　切削工具取付装置 　　ニ　定寸装置，ならい装置等附属装置 　(3)　旋盤の精度検査及び運転検査 　(4)　旋盤に使用される冶工具等の種類，用途及び取扱い
切削工具の種類及び用途	切削工具に関し，次に掲げる事項について詳細な知識を有すること。 　(1)　バイトの種類，形状，各部の名称，刃先角度，材質及び用途 　(2)　次のものの種類及び用途 　　イ　リーマ　　　　　　　　　　ロ　タップ及びダイス 　　ハ　チェーザ　　　　　　　　　ニ　ローレット 　　ホ　ドリル 　(3)　切削工具と切削条件及び工作物の材質の関係
切削加工	切削加工に関し，次に掲げる事項について一般的な知識を有すること。 　(1)　切りくずの形状　　(2)　構成刃先　　(3)　せん断角 　(4)　切削抵抗　　　　(5)　切削速度　　(6)　送り 　(7)　切込み　　　　　(8)　切削温度　　(9)　切削工具の磨耗 　(10)　切削工具の寿命　(11)　切削表面
ロ　フライス盤加工法 　フライス盤の種類，構造，機能及び用途	フライス盤（数値制御フライス盤を含む。以下同じ。）に関し，次に掲げる事項について詳細な知識を有すること。 　(1)　各種のフライス盤の特徴及び用途 　(2)　フライス盤に関し，次の装置の一般的な構造及び機能 　　イ　主軸駆動装置　　　　　　　　ロ　送り装置 　　ハ　切削工具取付装置　　　　　　ニ　附属装置 　(3)　フライス盤の精度検査及び運転検査 　(4)　フライス盤に使用される冶工具等の種類，用途及び取扱い
切削工具の種類及び用途	切削工具に関し，次に掲げる事項について詳細な知識を有すること。

	(1) フライスの種類，形状，各部の名称，刃先角度，材質及び用途
	(2) エンドミル，リーマ及びタップの種類及び用途
	(3) 切削工具と切削条件及び工作物の材質の関係
切削加工	切削加工に関し，次に掲げる事項について一般的な知識を有すること。 (1) 切りくずの形状　(2) 構成刃先　(3) せん断角 (4) 切削抵抗　(5) 切削速度　(6) 送り (7) 切込み　(8) 上向き削り　(9) 下向き削り (10) 切削温度　(11) 切削工具の磨耗 (12) 切削工具の寿命　(13) 切削表面

実技試験

　次の各号に掲げる科目のうち受検者が選択するいずれか一つの科目

1　普通旋盤作業 　　普通旋盤加工	1　各種の切削工具の取付け及び加工の段取りができること。 2　通常の精度の円筒，テーパ，曲面，平面及び偏心の切削ができること。 3　通常の精度を要する穴あけ及び穴ぐりができること。 4　高精度を要する次に掲げるねじ切りができること。 　(1) 三角ねじ　　(2) 角ねじ　　(3) 台形ねじ 　(4) 多条ねじ 5　作業中発生した簡単な支障の調整ができること。 6　切削作業の種類，工作物の材質及び切削工具の材質に応じた送り，切込み及び切削速度の決定ができること。 7　切削工具の寿命の判定ができること。
刃先の再研削	作業中刃先の磨耗，欠損等があった場合の再研削ができること。
4　フライス盤作業 　　フライス盤加工	1　各種の切削工具の取付け及び加工段取りができること。 2　通常の平面，曲面及びみぞの切削ができること。 3　割出し台による高度な割出しができること。 4　作業中発生した簡単な支障の調整ができること。 5　切削工具の寿命の判定ができること。 6　切削作業の種類，工作物の材質及び切削工具の材質に応じた切削条件の決定ができること。

表2 3級「機械加工」技能検定試験科目及びその範囲と細目

試験科目及びその範囲	技能検定試験の基準の細目
学科試験 1 工作機械加工一般 　工作機械の種類及び用途	1　次に掲げる工作機械（数値制御式のものを含む。）の種類及び用途について概略の知識を有すること。 　(1)旋盤　　　　(2)フライス盤　　　(3)ブローチ盤 　(4)ボール盤　　(5)中ぐり盤　　　　(6)研削盤 　(7)歯切り盤　　(8)ホーニング盤　　(9)マシニングセンタ 　(10)金切り盤　　(11)放電加工機 2　旋盤，フライス盤，研削盤及びマシニングセンタに関し，次に掲げる事項について一般的な知識を有すること。 　(1)主要部分の名称　　(2)大きさの表し方 3　値制御工作機械に加工に関し，次に掲げる事項について一般的な知識を有すること。 　(1)数値制御装置　　　　　(2)マニュアルプログラミング 　(3)座標系　　　　　　　　(4)位置決め制御，補間制御 　(5)工具補正　　　　　　　(6)自動プログラミング
バイト，フライス，ドリル及び研削といしの種類及び用途	バイト，フライス，ドリル，研削といし等に関し，次に掲げる事項について一般的な知識を有すること。 　(1)おもな種類及び用途　　(2)刃物及びと粒の切削作用 　(3)研削といしの最高使用周速度及び取扱い
切削油剤の種類及び用途	切削油剤に関し，水溶性切削油剤及び不水溶性切削油剤の種類及び用途について一般的な知識を有すること。
潤滑	潤滑に関し，次に掲げる事項について一般的な知識を有すること。 　(1)おもな潤滑剤の種類，性質及び用途 　(2)おもな潤滑方式の性質及び用途 　(3)潤滑の効果
油圧装置の種類	油圧装置に関し，油圧ポンプ，弁等油圧機器の種類及び用途について概略の知識を有すること。
ジグ及び取付け具の種類及び用途	ジグ及び取付け具に関し，おもな取付け具の種類，形状及び用途について一般的な知識を有すること。

工作測定の方法	工作測定に関し，次に掲げる事項について一般的な知識を有すること。 (1)次の測定器具の種類，最小読取り値，測定範囲及び使用方法 　イ　マイクロメータ等実長測定器 　ロ　ダイヤルゲージ等比較測定器 (2)次の事項の測定方法 　イ　長さ　　ロ　角度　　ハ　表面粗さ　　ニ　平面度 　ホ　真直度　ヘ　直角度　　ト　真円度　　チ　円筒度 　リ　平行度　ヌ　同心度 (3)測定誤差と次の事項との関係 　イ　温度　　ロ　器差　　ハ　測定力
品質管理	次に掲げる品質管理用語の意味について概略の知識を有すること。 (1)規格限界　　　(2)特性要因図　　　(3)度数分布 (4)ヒストグラム（柱状図）(5)正規分布　(6)抜取り検査
2　機械要素 　機械の主要構成要素の種類，形状及び用途	機械の主要構成要素に関し，次に掲げる事項について概略の知識を有すること。 (1)次のねじ用語の意味 　イ　ピッチ　　ロ　リード　　ハ　条数　　ニ　ねじれ角 　ホ　効率　　　ヘ　呼び径　　ト　有効径 (2)ねじの種類，形状及び用途 (3)ボルト，ナット，座金等のねじ部品の種類，形状及び用途 (4)次の歯車用語の意味 　イ　モジュール　　　　ロ　ピッチ（円ピッチ） 　ハ　基準円（ピッチ円）ニ　歯厚　　ホ　圧力角 　ヘ　歯の高さ　　　　　ト　歯形 　チ　円周方向バックラッシュ及び法線方向バックラッシュ（バックラッシュ） (5)次の歯車の形状及び用途 　イ　平歯車　　　ロ　はすば歯車　　　ハ　かさ歯車 　ニ　ウォーム及びウォームホイール 　ホ　ラック及びピニオン (6)次のものの種類及び用途 　イ　キー及びピン　　　　ロ　軸，軸受及び軸継手 　ハ　リンク及びカム装置　ニ　ベルト及び鎖伝導装置 　ホ　ブレーキ及びばね
3　機械工作法	

けがき一般	けがきに関し，次に掲げる事項について概略の知識を有すること。 (1)けがき作業用工具及び塗料の種類，用途及びその使用方法 (2)けがき作業に関し，次の事項 　　イ　部品のすえ付方法　　　　ロ　中心の求め方 　　ハ　寸法の取り方
手仕上げ	手仕上げに関し，次に掲げる事項について概略の知識を有すること。 (1)おもな手仕上げ作業の種類 (2)おもな手仕上げ作業用工具の種類及び用途
その他の工作法	次に掲げる工作法のおもな種類及び特徴について概略の知識を有すること。 　　イ　鋳造　　ロ　鍛造　　ハ　製缶及び板金　　ニ　溶接
4 材料 金属材料及び非金属材料の種類，成分，性質及び用途	1　次に掲げる金属材料及び非金属材料の種類，化学成分及び用途について概略の知識を有すること。 (1)炭素鋼　(2)合金鋼　(3)工具鋼　(4)鋳鋼 (5)アルミニウム及びアルミニウム合金 (6)銅及び銅合金　(7)超硬合金　(8)セラミックス 2　次に掲げる事項について概略の知識を有すること。 (1)引張り強さ　(2)伸び　　(3)かたさ　　(4)じん性 (5)熱膨張　　(6)熱伝導　　(7)加工硬化　(8)展延性
金属材料の熱処理	熱処理に関し，次に掲げる熱処理の方法及び効果について一般的な知識を有すること。 (1)焼なまし　(2)焼ならし　(3)焼入れ　　(4)焼もどし
材料試験	材料試験に関し，次の試験方法及びそのおもな試験機の種類について概略の知識を有すること。 (1)引張り試験　(2)曲げ試験　(3)衝撃試験　(4)硬さ試験
5 材料力学 荷重，応力及びひずみ	1　荷重，応力及びひずみに関し，次に掲げる事項について概略の知識を有すること。 (1)荷重及び応力の種類 (2)荷重，応力，ひずみ及び弾性係数の関係 2　次に掲げる事項について概略の知識を有すること。 (1)応力－ひずみ図　(2)応力集中　(3)安全率 (4)金属材料の疲労

6 製図 　日本工業規格に定める図示法，材料記号及びはめあい方式	1　日本工業規格の図示法に関し，次に掲げる事項について一般的な知識を有すること。 (1)投影及び断面　　　　　(2)線の種類 (3)ねじ，歯車等の略画法　(4)寸法記入法 (5)仕上げ記号　　　　　　(6)表面粗さの表示法 (7)加工法の略号　　　(8)平面度，直角度等の表示法 2　金属材料のおもな材料記号について一般的な知識を有すること。 3　日本工業規格に定めるはめあい方式の用語及び種類について概略の知識を有すること。
7 電気 　電気用語	次に掲げる電気用語に関し，概略の知識を有すること。 (1)電流　　　　　(2)電圧　　　　　(3)電力 (4)抵抗　　　　　(5)周波数　　　　(6)力率
電気機械器具の使用方法	電気機械器具の使用方法に関し，次に掲げる事項について概略の知識を有すること。 (1)交流電動機の回転数，極数及び周波数の関係 (2)電動機の起動方法 (3)電動機の回転方向の変換方法 (4)回路遮断器の性質及び取扱い (5)直流電動機
8 安全衛生 　安全衛生に関する詳細な知識	1　機械加工作業に伴う安全衛生に関し，次に掲げる事項について詳細な知識を有すること。 (1)機械，器工具，原材料等の危険性又は有害性及びこれらの取扱方法 (2)安全装置，有害物抑制装置又は保護具の性能及び取扱方法 (3)作業手順 (4)作業開始時の点検 (5)機械加工作業に関して発生するおそれのある疾病の原因及び予防 (6)整理・整頓及び清潔の保持 (7)事故時等における応急措置及び退避 (8)その他，機械加工作業に関する安全又は衛生のために必要な事項 2　労働安全衛生法関係法令（機械加工作業に関する部分に限る。）について詳細な知識を有すること。

9　前各号に掲げる科目のほか，次に掲げる科目のうち，受検者が選択するいずれか一つの科目	
イ　旋盤加工法 　　旋盤の種類，構造，機能及び用途	旋盤（数値制御旋盤を含む。以下同じ。）に関し，次に掲げる事項について一般的な知識を有すること。 　(1)各種の旋盤の特徴及び用途 　(2)次の装置の構造及び機能 　　　イ　主軸駆動装置　　ロ　送り装置　　ハ　切削工具取付装置
切削工具の種類及び用途	切削工具に関し，次に掲げる事項について一般的な知識を有すること。 　(1)バイトの種類，形状，各部の名称，刃先角度，材質及び用途 　(2)次のものの種類及び用途 　　　イ　ドリル　　　ロ　リーマ　　　ハ　タップ及びダイス 　(3)切削工具と切削条件及び工作物の材質の関係
切削加工	切削加工に関し，次に掲げる事項について一般的な知識を有すること。 　(1)切りくずの形状　　(2)構成刃先　　(3)せん断角 　(4)切削抵抗　　(5)切削速度　　(6)送り 　(7)切込み　　(8)切削温度　　(9)切削工具の磨耗 　(10)切削工具の寿命　　(11)切削表面あらさ
ロ　フライス盤加工法 　　フライス盤の種類，構造，機能及び用途	フライス盤（数値制御フライス盤を含む。以下同じ。）に関し，次に掲げる事項について一般的な知識を有すること。 　(1)各種のフライス盤の特徴及び用途 　(2)フライス盤に関し，次の装置の一般的な構造及び機能 　　　イ　主軸駆動装置　ロ　送り装置　ハ　切削工具取付装置
切削工具の種類及び用途	切削工具に関し，次に掲げる事項について一般的な知識を有すること。 　(1)フライスの種類，形状，各部の名称，刃先角度，材質及び用途 　(2)ドリル及びリーマの種類及び用途 　(3)切削工具と切削条件及び工作物の材質の関係
切削加工	切削加工に関し，次に掲げる事項について一般的な知識を有すること。

(1)切りくずの形状	(2)構成刃先	(3)せん断角
(4)切削抵抗	(5)切削速度	(6)送り
(7)切込み	(8)上向き削り	(9)下向き削り
(10)切削温度	(11)切削工具の磨耗	
(12)切削工具の寿命	(13)切削表面あらさ	

実技試験

　次の各号に掲げる科目のうち受検者が選択するいずれか一つの科目

1　普通旋盤作業
　　普通旋盤加工

1　各種の切削工具の取付け及び加工段取りができること。
2　通常の精度の円筒，テーパ及び平面の切削ができること。
3　通常の精度の穴あけ及び穴ぐりができること。
4　通常の精度を要する三角ねじのねじ切りができること。
5　切削作業の種類，工作物の材質及び切削工具の材質に応じた送り，切込み及び切削速度の決定ができること。
6　切削工具の寿命の判定ができること。

3　フライス盤作業
　　フライス盤加工

1　各種の切削工具の取付け及び加工段取りができること。
2　通常の精度の平面及びみぞの切削ができること。
3　切削工具の寿命の判定ができること。
4　切削作業の種類，工作物の材質及び切削工具の材質に応じた切削条件の決定ができること。
5　通常の部品のプログラミングに関し，次に掲げる作業ができること（数値制御フライス盤に限る。）。
(1)工作物の取付方法の決定
(2)加工順序の決定
(3)工具経路図の作成
(4)切削条件の決定
(5)ツールリストの作成
(6)プロセスシートの作成
(7)数値制御装置へのプログラムの入力
(8)プログラムの編集

表3　基礎級「機械加工」技能検定試験科目及びその範囲と細目

試験科目及びその範囲	技能検定試験の基準の細目
学科試験 1　主な工作機械の用途 　　　工作機械の用途	次に掲げる工作機械（数値制御方式のものを含む。）の種類及び用途について初歩的な知識を有すること。 　(1)旋盤（円筒加工） 　(2)フライス盤（平面・曲面加工）
工作測定の方法	工作測定に関し，次の種類及び用途について初歩的な知識を有すること。 　(1)次の測定器具の種類，最小読取り値及び使用方法 　　イ　スケール　　　ロ　ノギス　　　ハ　マイクロメータ 　(2)次の事項の測定方法 　　イ　長さ　　　　　　　　ロ　表面粗さ
2　主な機械工作の方法 　　　けがき一般	けがき作業用工具及び塗料の種類及びその使用方法について初歩的な知識を有すること。
前各号に掲げる科目のほか，次に掲げる科目のうち，受検者が選択するいずれか一つのもの	
イ　旋盤加工法 　　　旋盤の構造及び用途	旋盤（数値制御旋盤を含む。以下同じ。）に関し，次に掲げる事項について初歩的な知識を有すること。 　(1)切削工具取付け装置の構造 　(2)旋盤に使用される次の治工具の用途及び取扱い 　　イ　チャック　　　　　　ロ　センタ
切削工具の種類及び用途	切削工具に関し，次に掲げる事項について初歩的な知識を有すること。 　(1)次のバイトの種類及び用途 　　イ　クランプバイト　　　ロ　付刃バイト 　(2)ドリルの用途（穴あけ用）
切削加工	切削加工に関し，次に掲げる事項について初歩的な知識を有すること。 　(1)切削速度　　　(2)送り　　　(3)切込み

ロ フライス盤加工法 　　フライス盤の構造及び用途	フライス盤（数値制御フライス盤を含む。以下同じ。）に関し，次に掲げる事項について初歩的な知識を有すること。 　　(1)切削工具取付け装置の構造 　　(2)バイスの用途及び取扱い
切削工具の種類及び用途	切削工具に関し，次に掲げる事項について初歩的な知識を有すること。 　　(1)次のフライスの種類及び用途 　　　イ　正面フライス　　　　　　ロ　側フライス 　　(2)次のものの用途 　　　イ　ドリル（穴あけ用）　　　ロ　エンドミル
切削加工	切削加工に関し，次に掲げる事項について初歩的な知識を有すること。 　　(1)切削速度　　　　(2)送り　　　　(3)切込み
3　金属材料の性質 　　金属材料の機械的性質	次に掲げる金属材料の機械的性質（引張強さ及び硬さ）について初歩的な知識を有すること。 　　(1)炭素鋼　　　　(2)鋳鉄 　　(3)アルミニウム及びアルミニウム合金
金属材料の熱処理	金属材料の熱処理について初歩的な知識を有すること。 　　(1)焼入れ　　　　　　(2)焼もどし
4　製図に関する図示法	日本工業規格に定める図示法に関し，次に掲げる事項について初歩的な知識を有すること。 　　(1)投影及び断面　　(2)線の種類　　(3)ねじの略画法 　　(4)寸法記入法（長さ，角度，直径，半径及び面取り） 　　(5)表面粗さの表示法
5　安全衛生に関する基礎的な知識	機械加工作業に伴う安全衛生に関し，次に掲げる事項について基礎的な知識を有すること。 　　(1)工作機械，器工具，原材料等の危険性又は有害性及びこれらの取扱方法 　　(2)安全装置，有害物抑制装置又は保護具の性能及び取扱方法 　　(3)作業手順 　　(4)作業開始時の点検 　　(5)機械加工作業に関して発生するおそれのある疾病の原因及び予防 　　(6)整理・整頓及び清潔の保持

	(7)事故時等における応 急 措置及び退避
	(8)安全衛生 標 識（立入禁止，安全通路，保護具 着 用，火気厳禁等）
	(9)合図
	⑽服装
実技試験 工作機械の操作 次に掲げる科目のうち受検者が選択するいずれか一つのもの	
イ　普通旋盤作業 　　普通旋盤加工	1　切削工具及びワークの取付けができること。 2　通常の精度の円筒及び平面の切削ができること。 3　通常の精度の穴あけができること。 4　切削作業の種類，工作物の材質及び切削工具の材質に応じた送り，切込み及び切削速度の決定ができること。
ハ　フライス盤作業 　　フライス盤加工	1　切削工具及びワークの取付けができること。 2　通常の精度の平面の切削ができること。 3　切削作業の種類，工作物の材質及び切削工具の材質に応じた送り，切込み及び切削速度の決定ができること。

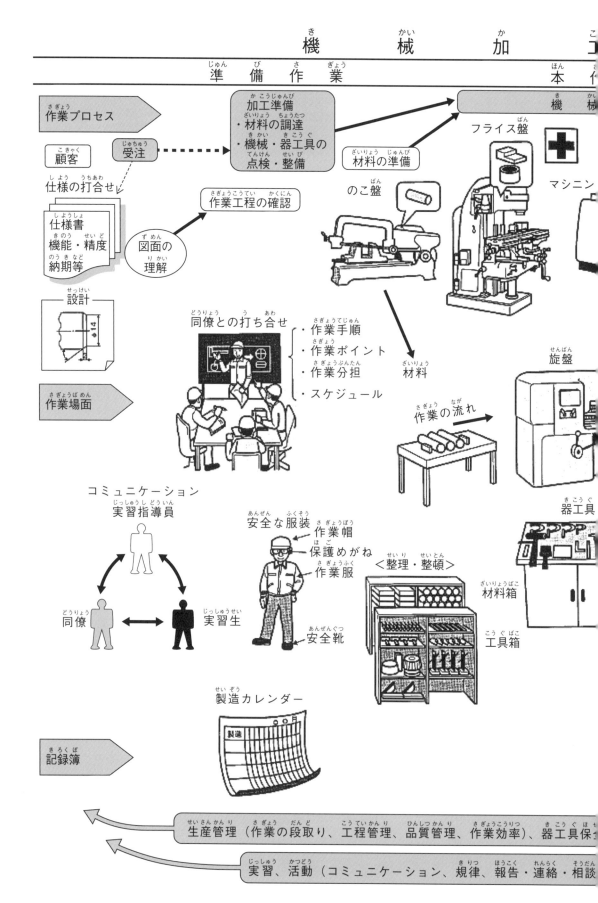

作業プロセス

加工準備
・材料の調達
・機械・器工具の
　点検・整備

顧客

受注

材料の準備

機械

フライス盤

仕様の打合せ

作業工程の確認

のこ盤

マシニン

仕様書
機能・精度
納期等

図面の
理解

設計
φ14

同僚との打ち合せ

・作業手順
・作業ポイント
・作業分担
・スケジュール

材料

旋盤

作業場面

作業の流れ

コミュニケーション
実習指導員

安全な服装
作業帽
保護めがね
作業服

器工具

＜整理・整頓＞
材料箱

工具箱

同僚

実習生

安全靴

製造カレンダー

記録簿

製造

生産管理（作業の段取り、工程管理、品質管理、作業効率）、器工具保

実習、活動（コミュニケーション、規律、報告・連絡・相談

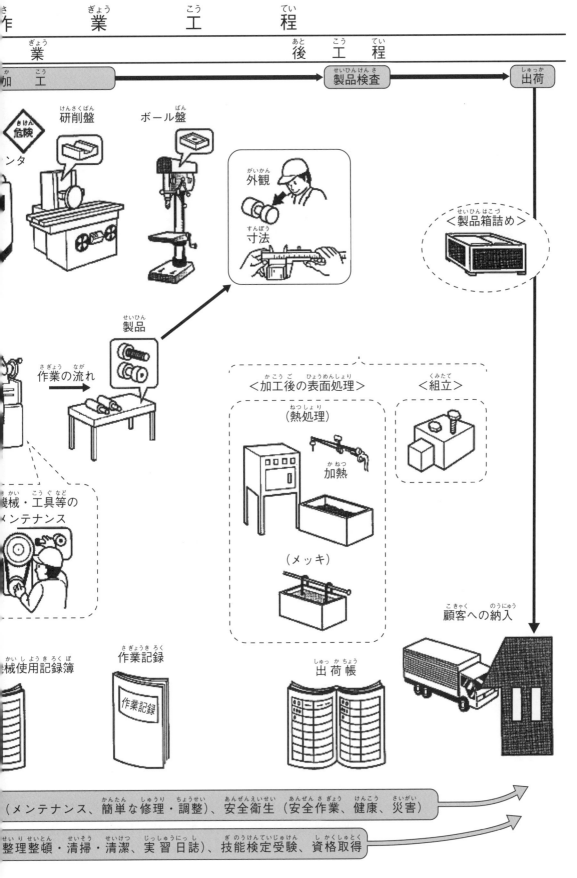

作　業　工　程

業　　　　　　　　　後 工 程

加工　→　製品検査　→　出荷

危険

研削盤　　ボール盤

ンタ

外観

寸法

＜製品箱詰め＞

製品

作業の流れ

＜加工後の表面処理＞　＜組立＞

(熱処理)

加熱

機械・工具等の
メンテナンス

(メッキ)

顧客への納入

械使用記録簿　作業記録

作業記録

出荷帳

(メンテナンス、簡単な修理・調整)、安全衛生(安全作業、健康、災害)

整理整頓・清掃・清潔、実習日誌)、技能検定受験、資格取得

第1章　機械加工の概要

第1節　機械加工の現状とプロセス

1.　機械加工の現状

　私たちの豊かな生活は，様々な工業製品で成り立っている。これらの製品を構成する部品を作り出すプロセスの中で，機械加工が関連していないものはないと言っても過言ではない。つまり，機械加工は現代人の生活を支える大変重要なものであることがわかる。

　ここでいう機械加工とは，旋盤，フライス盤，ボール盤等の工作機械を用いて，材料を削り出し，様々な形の部品を製作することである（図1-1-1参照）。また，機械加工で作られる部品を工作物（ワーク）という。

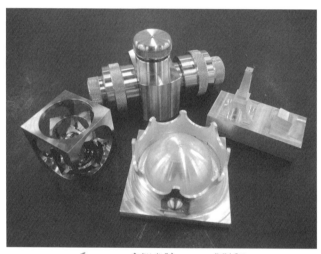

図1-1-1　機械加工された部品類

(1)　工作機械と加工

　工作機械とは，日本産業規格（JIS）では「主として金属の工作物を，切削，研削などによって，または電気，その他のエネルギーを利用して不要な部分を取り除き，所要の形状に作り上げる機械」と定義されている。この中でも代表的なものが，先にも挙げた旋盤やフライス盤等の切削加工を行う工作機械である。最近の工作機械は，技術革新によって高速度・高精度になり，新しい素材によって作られた高性能な切

削工具（単に工具と呼ぶことが多い）と組み合わせることにより，これまでは考えられないような複雑な加工が可能になった。

　工作機械の選定は，加工される工作物の形状や加工の内容，求められる精度等により決められる。例えば，丸い円筒形状の工作物は旋盤，四角いブロック形状の工作物はフライス盤，高精度な平面の加工には平面研削盤を使用する。表1-1-1にその一例を示す。

表1-1-1　工作機械の分類

	旋盤	フライス盤	ボール盤	平面研削盤
外観				
動き	・工作物…回転運動 ・工具…直線運動	・工作物…直線運動 ・工具…回転運動	・工作物…静止 ・工具…回転・直線運動	・工作物…直線運動 ・工具…回転・直線運動
工具				
工作物				

(2)　工作機械の機能
　工作機械は次の3つの機能を持つ要素で構成されている。
① 工作物または工具に運動を与える動力
② 運動に変える案内機構
③ 工作物を削り取る工具

　①については，旋盤の場合は工作物，フライス盤やボール盤の場合は工具，研削盤の場合は砥石を回転させる動力がこれにあたる。現在では，電動機（モーター）を用いるのが一般的であるが，かつては，人力や蒸気エネルギーを用いたものもあった。
　②は，工具やテーブルに取り付けた工作物を移動させる機構のことで，その動力は，

人がハンドルやレバーを操作することや電動機により行われる。運動の種類は，直線運動と回転運動の両方がある。③の工具は，工作機械と切り離して取り扱われることがあるが，工作物の材料や形状だけでなく，どんな工作機械を使用するかによって工具の選定は大きく変化するので，工作機械の重要な要素として考える必要がある。

(3) 機械加工作業に求められる技術・技能

　顧客からは，作り出される製品に対して，常に高品質で低コスト，そして短納期であることが求められる。機械加工作業者も例外ではなく，これに応えるには，次の能力が不可欠である。

① 図面が読める
② 効率的な作業ができる
③ 適切な切削工具を選定できる
④ 正しい測定ができる
⑤ 安全な作業ができる

　例えば，単に加工をするだけではなく，日頃から問題意識を持ち，より早く，より安く作るために工夫し，工具，測定器具等の名称や用途を理解し，いつでも使えるように整備しておくこと等が重要である。

(4) 機械加工で使う材料

　機械加工で使われる材料は，次の項目を考慮して最適な材料が選定される。

① 製品の性能を十分に満足できるか
② コストは問題ないか
③ 加工や組立は問題ないか
④ リサイクル性はどうか

　多くは安価で強い鋼（炭素鋼）が使用される。しかし，軽量化が要求される部位にはアルミニウム，チタン，マグネシウムなどの各種合金，腐食しやすい部位にはステンレス鋼，高温下での使用が想定される部位には耐熱鋼と，用途に応じて様々な材料が用いられる（図1-1-2参照）。近年では，金属材料の他に，プラスチックやセラミックス，炭素繊維などの機能性材料や，複数の材料を組み合わせた複合材料も機械加工の材料となっている。

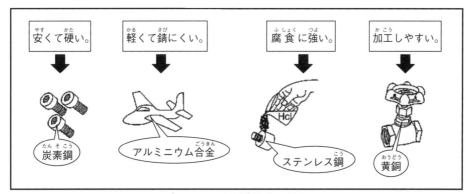

図1-1-2　加工材料の選定

　材料の形状は，工作機械で加工しやすい大きさ，形状に切断され，加工材として準備される。例えば，旋盤では丸棒材や六角棒材，フライス盤では板材や角棒が利用される（図1-1-3参照）。

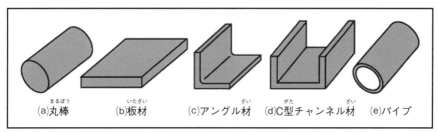

(a)丸棒　　(b)板材　　(c)アングル材　　(d)C型チャンネル材　　(e)パイプ

図1-1-3　材料の形状

2.　機械加工のプロセス

　あらゆる工業製品の多くは図1-1-4に示すような製造プロセスをたどる。この中で，機械加工は，⑤〜⑨の範囲である。

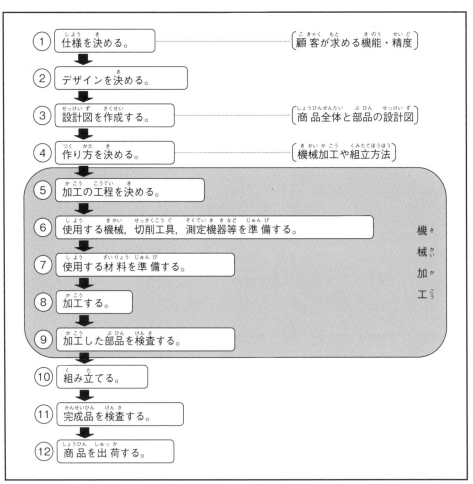

① 仕様を決める。 ……… 〔顧客が求める機能・精度〕

② デザインを決める。

③ 設計図を作成する。 ……… 〔商品全体と部品の設計図〕

④ 作り方を決める。 ……… 〔機械加工や組立方法〕

⑤ 加工の工程を決める。

⑥ 使用する機械，切削工具，測定機器等を準備する。

⑦ 使用する材料を準備する。

⑧ 加工する。

⑨ 加工した部品を検査する。

機械加工

⑩ 組み立てる。

⑪ 完成品を検査する。

⑫ 商品を出荷する。

図 1-1-4　工業製品の製造プロセス

第2節　主な工作機械と用途

　機械加工でよく使われる工作機械は，旋盤，フライス盤，ボール盤，研削盤等がある。ここからは，主な工作機械について説明する。

1．旋盤

(1)　旋盤とは

　旋盤は，工作物を円筒形状に加工する工作機械である。旋盤は，図1-2-1に示すように，回転する材料に切削工具であるバイトを押し当て，バイトを前後左右に移動させる送り運動を与えることで，工作物を様々な形状に加工する。このような加工方法を旋削加工と呼ぶこともある。旋盤は，様々な加工が可能で応用範囲も広いので，機械加工の現場ではよく使用されている工作機械である。

材料

材料を回転させる。

円柱

テーパ

ねじ

刃物

刃物を前後，左右に移動させて，材料を削る。

図1-2-1　旋盤による旋削加工

(2)　旋盤の種類

　旋盤には，普通旋盤，タレット旋盤，立て旋盤等がある。

a．普通旋盤

　普通旋盤は，様々な種類の旋盤の中でもっとも広く使用されており，各種旋盤の基礎となるものである。(図1-2-2参照)。

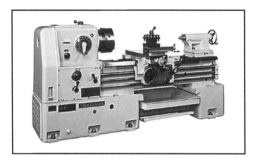

図1-2-2　普通旋盤

b．タレット旋盤

　　タレット旋盤は，大量生産用に作られた旋盤である。回転刃物台（タレット）に工具を多数セットできるという特徴がある（図1-2-3参照）。これを順次回転させることで簡単に工具を交換でき，様々な旋削加工を効率的に行うことができる。

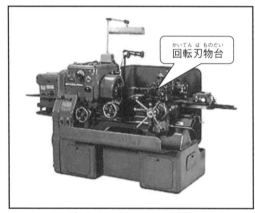

回転刃物台

図1-2-3　タレット旋盤

c．立て旋盤

　　立て旋盤は，長さが短く径の大きい工作物の加工に適した旋盤である。テーブルが水平になっているので，重量の大きい工作物を取り付けやすいという特徴がある。（図1-2-4参照）。

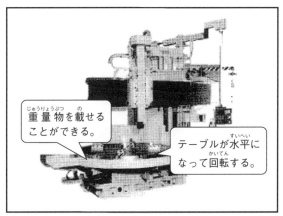

図1-2-4 立て旋盤

2．フライス盤

(1) フライス盤とは

フライス盤は，工作物の面や溝等を加工する工作機械である。図1-2-5に示すように，主軸に取り付けた工具（フライス・エンドミル）を回転させ，テーブル上に取り付けた材料を前後・左右・上下に送り運動を与えて工作物を加工する。

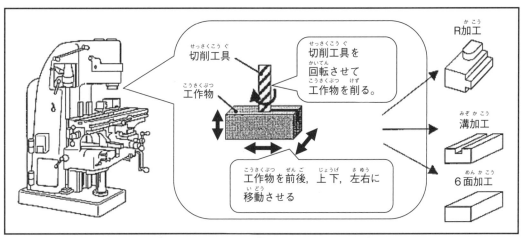

図1-2-5 フライス盤によるフライス加工

(2) フライス盤の種類

フライス盤には，立てフライス盤，横フライス盤，万能フライス盤等がある。

a．立てフライス盤

図1-2-6に立てフライス盤を示す。立てフライス盤は，主軸がテーブルに対して垂直になっていて，溝削り，平面削り，直角面削り等ができる。

― 29 ―

b．横フライス盤

　図 1-2-7 に横フライス盤を示す。横フライス盤は，主軸がテーブルに対して水平になっていて，溝の加工だけでなくカッターの形状を変えることで様々な加工に対応する。

c．万能フライス盤

　万能フライス盤は，サドル上に旋回するテーブルが取り付けられている。主軸頭が旋回するタイプもある。

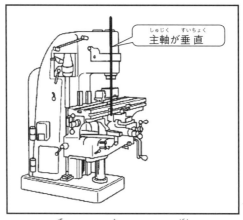

主軸が垂直

図 1-2-6　立てフライス盤

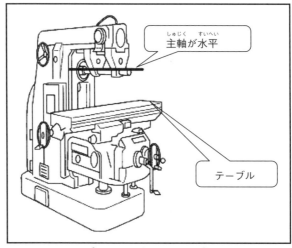

主軸が水平

テーブル

図 1-2-7　横フライス盤

3. ボール盤

　ボール盤は，穴加工をする工作機械である（図1-2-8参照）。また，図1-2-9に示すように，ドリルによる穴あけ加工だけでなく，リーマ加工や，タップ加工ができる。

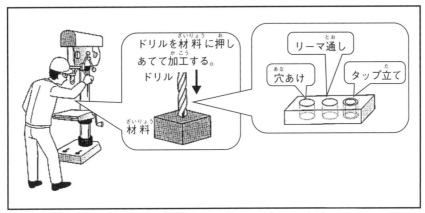

図1-2-8　卓上ボール盤による穴あけ加工

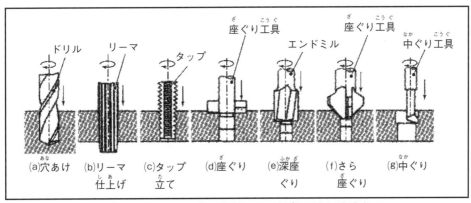

図1-2-9　ボール盤で使用できる様々な穴加工工具

4. 中ぐり盤

　中ぐり盤は，すでにあけられている穴を，さらに大きくしたり，精密に加工したりする機械である（図1-2-10参照）。フライス削りや，きりもみ・ねじ切り加工等もできる。

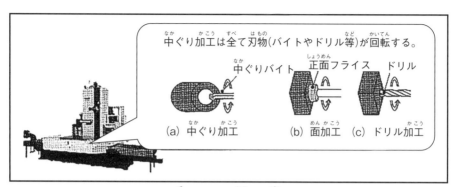

図 1-2-10　中ぐり盤

5．研削盤

　研削盤は，砥石を高速で回転させ，工作物を高精度に加工する。主な研削盤としては，円筒研削盤，平面研削盤等がある。

　a．円筒研削盤

　　　主に円筒面を高精度に加工する。（図 1-2-11 参照）

　b．平面研削盤

　　　主に平面を高精度に加工する。工作物を載せるテーブルには，角テーブル形と回転テーブル形がある。

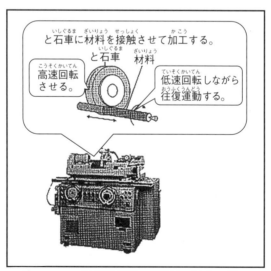

図 1-2-11　円筒研削盤と材料・工具の動き

6. ホブ盤

　ホブ盤は，歯車を加工する工作機械である（図1-2-12参照）。図1-2-13に示すような平歯車，ハスバ歯車，ウォームホイール，ラックなどの加工ができる。

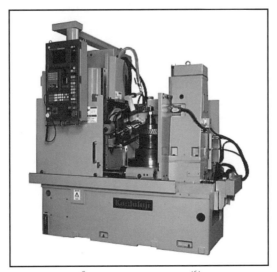

図1-2-12　CNCホブ盤
（提供：㈱カシフジ　ＫＬ４５１）

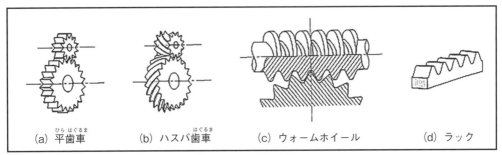

(a) 平歯車　　(b) ハスバ歯車　　(c) ウォームホイール　　(d) ラック

図1-2-13　主な歯車

7. 数値制御工作機械

　数値制御工作機械とは，工具，または工作物の運動やその他加工に必要な作業工程を数値化したプログラムにより，自動的に制御される工作機械のことをいう。数値制御は英訳するとNumerical Controlであることから，その頭文字を取ってNC工作機械とも呼ばれている。基本的な構成は，機械本体と数値制御装置からなり，機械本体は従来の旋盤やフライス盤等と同様である。また，数値制御は，コンピュータにより行われるため，CNC（Computer Numerical Control）工作機械と呼ばれることもある。数値制御工作機械の各種動力の多くはサーボモータが用いられているが，近年では，より高速に動作

するリニアモータを搭載したものも存在する。

　現代の工作機械は，ほとんどが数値制御工作機械であると言っても過言ではない。しかし，材料を削っている原理に変わりはないことから，旋盤やフライス盤等の従来の工作機械を用いた機械加工と，基本的な部分は全く同じである。

　主な数値制御工作機械としては，NC旋盤，NCフライス盤，NC研削盤をはじめ，ターニングセンタ（図1-2-14参照），マシニングセンタ（図1-2-15参照），5軸加工機（図1-2-16参照）など様々なバリエーションが存在する。

図1-2-14　ターニングセンタ

（引用：オークマ（株）ホームページ　製品情報　LB2000EXⅡ）

図1-2-15　マシニングセンタ

（引用：（株）牧野フライス製作所　ホームページ　製品紹介　V33i）

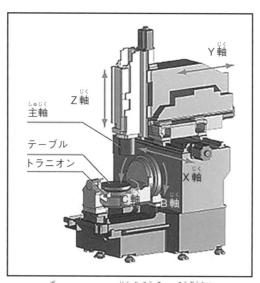

図1-2-16　5軸加工機の構造例

（引用：オークマ（株）ホームページ　製品情報　MU4000V）

第1章　確認問題

以下の問題について，正しい場合は○，間違っている場合は×で解答しなさい。

（1）　旋盤，フライス盤，ボール盤，研削盤は，代表的な工作機械である。

（2）　旋盤やフライス盤では，工作物を回転させて製品を作る。

（3）　フライス盤は，円筒形状の工作物を加工する工作機械である。

（4）　ボール盤は，工具を回転させて穴あけをする。

（5）　数値制御工作機械には，CNC 旋盤，CNC フライス盤やマシニングセンタ等がある。

（6）　バイトは，円筒研削盤で使用する工具である。

（7）　ホブ盤は，歯車を加工する工作機械である。

（8）　タップは，おねじを加工する工具である。

（9）　工作機械における NC とは，シーケンス制御を意味する。

（10）　数値制御工作機械の各種動力の多くはサーボモータが用いられている

第 1 章　確認問題の解答と解説

（ 1 ）　○

（ 2 ）　×　（理由：旋盤は，工作物を回転させながら加工する。フライス盤は，工具を回
　　　　　　　転させながら加工）する。）

（ 3 ）　×　（理由：円筒形状の工作物を加工するのは旋盤。フライス盤は四角いブロック
　　　　　　　形状の工作物を加工する工作機械である。）

（ 4 ）　○

（ 5 ）　○

（ 6 ）　×　（理由：バイトは主に旋盤で使用する工具である）

（ 7 ）　○

（ 8 ）　×　（理由：タップはめねじを加工する工具である。）

（ 9 ）　×　（理由：NC とは，数値制御（Numerical Control）を意味する。）

（10）　○

第2章　機械加工の関連知識

第1節　けがき

　工作物を加工するとき，工作物に直線や円，中心線等を直接描くことがある。これを「けがき」というが，材料の黒皮面などに最初に施す「けがき」を「一番けがき」といい，加工した面を基準に施す「けがき」を「二番けがき」という。けがき作業には，様々な工具が使用されるが，効率よく作業を行うためにも，使用方法を正しく理解する必要がある。

1.　けがき塗料

　けがき線をはっきりさせるために，けがき部分に塗られる青竹や胡粉等の塗料をけがき塗料という。

（1）青竹

　青竹は，青い塗料をアルコールで溶かして，ワニスを加えた仕上げ面用の青色の塗料である。乾燥が早い。

（2）胡粉

　胡粉は，炭酸カルシウムを主成分とした顔料を水で溶かして，ニカワやアラビアゴムを加えた白色の塗料である。黒皮や鋳物等の粗い表面の工作物に使用される。

2.　けがき作業に用いる工具と使用法

　けがき作業は，けがき針をはじめ，トースカンやＶブロック，コンパス等が使われる。

（1）けがき針

　けがき針は，工作物に線を引くときに使う（図2-1-1参照）。けがき針で直線をけがく場合は，図2-1-2に示すようにスケールを使って行う。

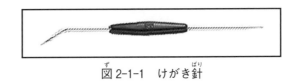

図 2-1-1　けがき針

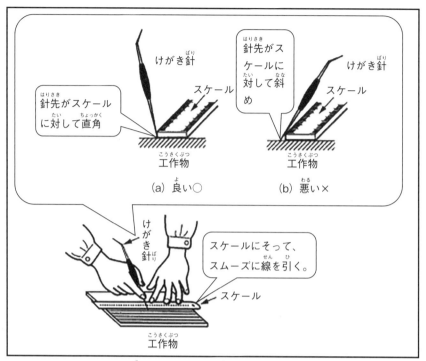

図 2-1-2　けがき針による作業

　定盤

　　定盤は，けがき定盤，摺合わせ定盤，石定盤などがあり，けがき作業や測定作業の基準面としてよく用いられる。けがき定盤（図 2-1-3 参照）は，けがき作業用で，その表面は平削り盤等による機械加工で仕上げてある。摺合わせ定盤の表面は，きさげ作業と呼ばれる面で，けがき定盤よりも精密な仕上げ面になっている。したがって，摺合わせ定盤上でポンチ打ち等の衝撃を与えるような作業は行ってはならない。また，石定盤は，測定作業用として使用される。

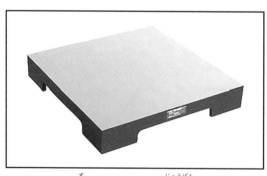

図 2-1-3　けがき定盤

⑶　トースカン

　　トースカンは工作物に水平線を引くときや円の中心を求めるときに使う（図2-1-4参照）。トースカンを使用する際は，図2-1-5に示すように，定盤と組み合わせて使うのが一般的である。

図2-1-4　トースカン

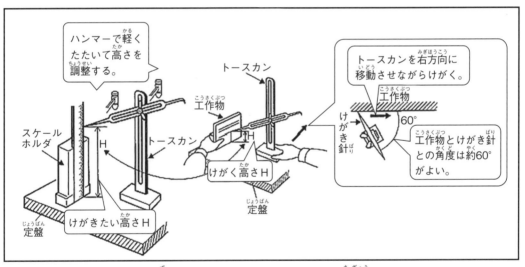

図2-1-5　トースカンによるけがき作業

— 39 —

次にトースカンによる丸棒の中心の求め方を図2-1-6に示す。

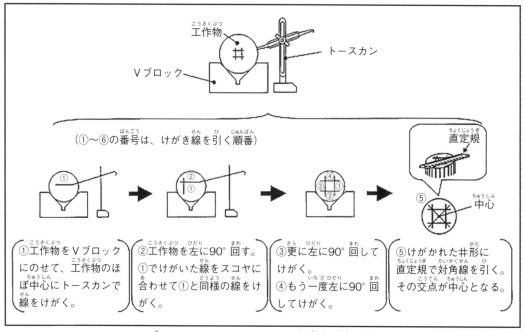

工作物

Vブロック

トースカン

（①～⑥の番号は、けがき線を引く順番）

直定規

①

②
①

④
③
②
①

⑤

中心

①工作物をVブロックにのせて、工作物のほぼ中心にトースカンで線をけがく。

②工作物を左に90°回す。①でけがいた線をスコヤに合わせて①と同様の線をけがく。

③更に左に90°回してけがく。
④もう一度左に90°回してけがく。

⑤けがかれた井形に直定規で対角線を引く。その交点が中心となる。

図2-1-6　トースカンによる中心の求め方

(4)　ハイトゲージ

ハイトゲージは，定盤とともに使用する測定器であるが，トースカンの代用としてけがき作業にもよく使用される。図2-1-7にハイトゲージを示す。高さが正確に決められるため作業が容易である。

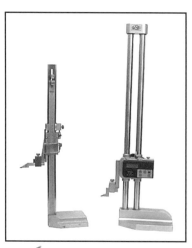

図2-1-7　ハイトゲージ

(5) コンパス・片パス

　コンパス（図2-1-8参照）は，円を描いたり，線を分割するときに使用し，片パス（図2-1-9参照）は，曲がった足を工作物の縁にあてて，長さを測ったり，けがくときに使用する。

図2-1-8　コンパス

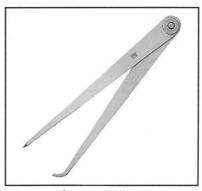

図2-1-9　片パス

　次に片パスによる丸棒の中心の求め方を図2-1-10に示す。

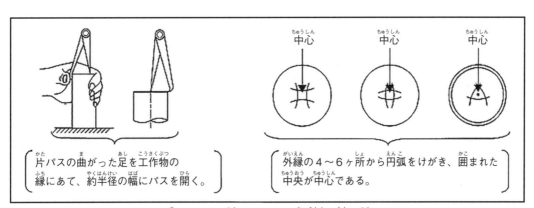

図2-1-10　片パスによる中心の求め方

(6) 心出し定規

　心出し定規とは，丸棒のような円筒形の端面の中心を求めるための定規である。図2-1-11に心出し定規を示す。また，心出し定規を使って中心を求める方法を図2-1-12に示す。

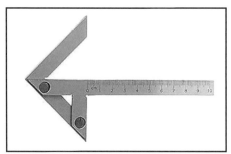

図 2-1-11　心出し定規

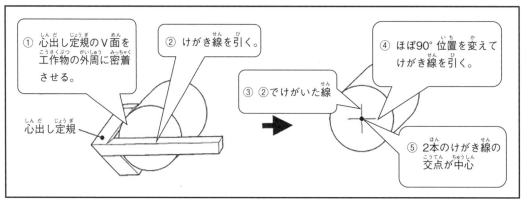

① 心出し定規のV面を工作物の外周に密着させる。

② けがき線を引く。

④ ほぼ90°位置を変えてけがき線を引く。

③ ②でけがいた線

心出し定規

⑤ 2本のけがき線の交点が中心

図 2-1-12　心出し定規による中心の求め方

(7)　ポンチ

　　ポンチ（図 2-1-13 参照）は，ハンマを使って工作物に小さなくぼみをつけるときに使う。図 2-1-14 にポンチ打ち作業を示す。ポンチ打ち作業には，センタポンチと目安ポンチとがある（図 2-1-15 参照）。

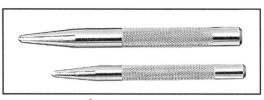

図 2-1-13　ポンチ

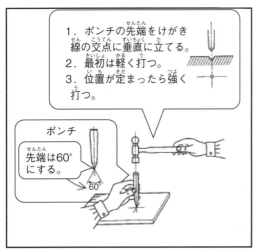

1. ポンチの先端をけがき 線の交点に垂直に立てる。
2. 最初は軽く打つ。
3. 位置が定まったら強く 打つ。

ポンチ
先端は60° にする。

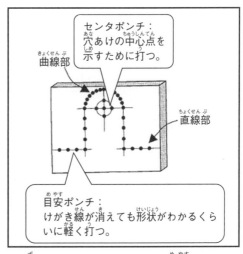

センタポンチ： 穴あけの中心点を 示すために打つ。
曲線部
直線部
目安ポンチ： けがき線が消えても形状がわかるくら いに軽く打つ。

図2-1-14　ポンチの打ち方

図2-1-15　センタポンチと目安ポンチ

(8)　**Vブロック**

　Vブロック（図2-1-16参照）は，主に丸棒を水平にしたり，側面に薄板等を当て垂直に保ったりするために使う。Vブロックとハイトゲージを組み合わせたけがき作業の様子を図2-1-17に示す。

図2-1-16　Vブロック

図1-2-17　Vブロックとハイトゲージを組み合わせたけがき作業
（引用：新潟精機（株）総合カタログ　標準ハイトゲージ）

⑼　**ます形ブロック（金ます）**

　　ます形ブロックは，各面が直角で作られていて，1面にはV溝や工作物を固定するクランプが取り付けてある。図 2-1-18 にます形ブロックを示す。金ますとも呼ばれ，工作物をクランプで固定したまま90度倒すことによって，直角線のけがきが行える。

図 2-1-18　ます形ブロック（金ます）

⑽　**スコヤ**

　　スコヤは，工作物の直角度を調べたり，平行線や直角線を引いたりするために使う。図 2-1-19 にスコヤを示す。直角定規とも呼ばれ，1ピース構造の平型と2ピース構造の台付がある。図 2-1-20 にスコヤの使用例を示す。

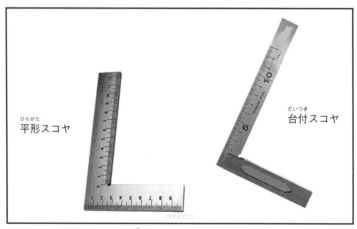

平形スコヤ

台付スコヤ

図 2-1-19　スコヤ

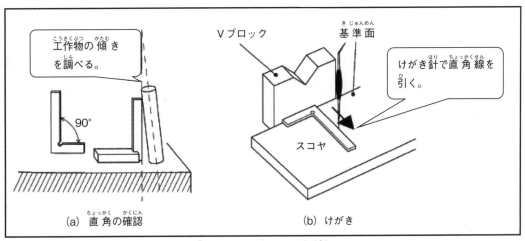

(a) 直角の確認   (b) けがき

図 2-1-20　スコヤの使用例

第2節　機械要素

　工作機械を扱う上で，加工法だけでなく機械を構成する各要素についての知識の習得も必須条件となる。ここからは，機械要素の中でも特に重要なねじと歯車を中心に解説する。

1．ねじ

　ねじは円筒や円錐の面に沿って螺旋状の溝を設けた形状をしており，円筒や円すいに溝が外側にあるものを「おねじ」，内側にあるものを「めねじ」と呼ぶ。円筒状のねじを「平行ねじ」，円すい状のねじを「テーパねじ」という。

(1)　ねじ用語の意味

　ねじを表すための用語は，JISの「ねじ用語」に詳しく規定があるが，その中でも特に重要なものを以下に挙げる。

a．ピッチ

　図2-2-1に示すように，となり合うねじ山の距離を「ピッチ」という。

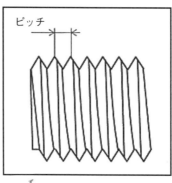

図2-2-1　ねじのピッチ

b．リード

　ねじが1回転したときに進む距離を「リード」という。

c．条数

　一般的に使用されるねじは，1本のねじ山が巻き付いたものであるが，2本以上のねじ山が巻き付いたものもある。このねじ山が巻き付いている本数を「条数」という。1本の場合は「1条ねじ」，2本の場合は「2条ねじ」と呼ぶ。

　ピッチをP，リードをL，条数をnとすると，次のような関係がある。

$$L = nP$$

d．ねじれ角とリード角

　図2-2-2に示すように，ねじの軸方向に対するねじの溝の傾きをねじれ角と呼び，ねじの径方向に対する傾きを「リード角」という。同じ径のねじの場合，ピッチが大きくなるとリード角も大きくなる。また，ねじを締め付けた時，リード角が大きいねじほど緩みやすくなる。

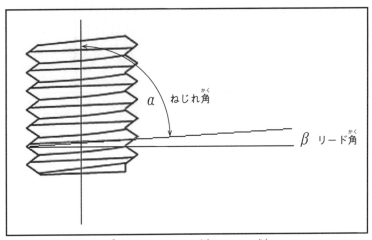

図2-2-2　ねじれ角とリード角

e．効率

　たがいにはまり合うおねじとめねじの一方にトルク（回転力）を加えたとき，それによって他方のねじが軸方向に仕事をする場合，有効に使われた仕事の割合をねじの効率という。ねじのリード角をβ，ねじ面の摩擦角をγとしたとき，ねじの効率ηは次の式で表される。

$$\eta = \frac{\tan}{\beta\tan\ (\beta+\gamma)}$$

　ここで，ねじ面の摩擦角とは，接触面の摩擦係数μを測定するときの角度のことで，次のような関係がある。

$$\mu = \tan\gamma$$

f．呼び径

　ねじの断面を観察すると図2-2-3のように山と谷が存在しているのがわかる。ここでおねじの場合は，山の径を「外径」，谷の径を「谷径」と呼ぶ。一方，めねじの場合は，内側の径を「内径」，谷の径を「谷径」と呼ぶ。

　「呼び径」とは，おねじは外径，めねじはそれにはまるおねじの外径をである。JISでは，メートルねじを表記する場合，M＊（＊は数字）で表すが，この数字が

呼び径にあたる。例えば，外径5mmのメートルねじのおねじは，「M5」と表記されるが，この5は呼び径を表す。

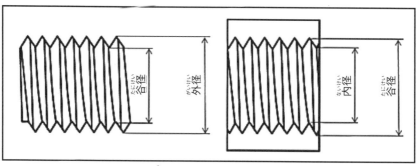

図2-2-3　ねじの断面

g．有効径

「有効径」とは，ねじ山の幅と谷の幅が等しくなるような，仮想的な円筒（又は円すい）の直径のことをいう。図2-2-4に示すように，この仮想的な円筒上のねじ溝の幅がピッチの半分になっている場合は，単独有効径という。

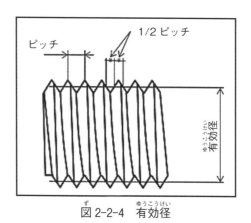

図2-2-4　有効径

(2)　ねじの種類，形状及び用途

ねじには，締結用と運動用の2つに大別できる。締結用は，ある部材とある部材を締め付けて固定し，外れないようにすることが目的となる。また，外したいときは，何らかの工具を用いて，簡単に外せるようにする必要もある。一方の運動用は，工作機械の送り装置などに用いられるもので，動力伝達や回転運動を直線運動に変換するためのねじである（図2-2-5参照）。

ここでは，ねじの種類や形状とその用途について解説していく。

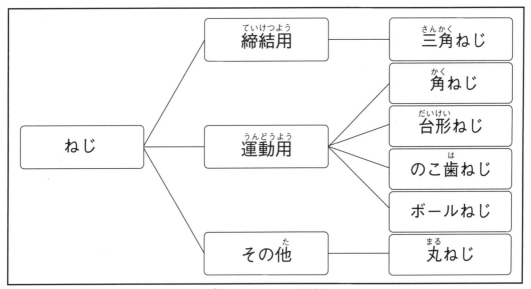

図 2-2-5　ねじの種類

a．三角ねじ

図 2-2-6 に示すように，ねじ山の断面形 状 が三角形で，緩みにくいことから，締結用のねじとして 最 も広く用いられる。一般にねじというと締結用の三角ねじを指すことが多い。三角ねじには，ねじ山の角度が60°のメートルねじ，ユニファイねじ，ねじ山の角度が55°の管用ねじなどがある。

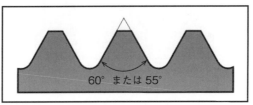

60° または 55°

図 2-2-6　三角ねじ

b．角ねじ

図 2-2-7 に示すように，ねじ山の断面形 状 が四角形のねじで，三角ねじと比較して摩擦が少ないことから，運動用ねじとして用いられる。

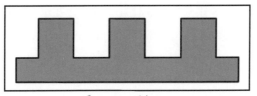

図 2-2-7　角ねじ

— 49 —

c．台形ねじ

図2-2-8に示すように，ねじ山の断面形状が台形のねじで，角ねじと比較して，強度もあり，精度もよく，容易に製作できるため，運動用ねじとして広く用いられる。

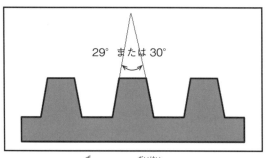

29° または 30°

図2-2-8　台形ねじ

d．のこ歯ねじ

図2-2-9に示すように，ねじ山の断面形状が，片側は軸に対してほぼ直角で，もう一方は30°の斜面を持つねじである。角ねじと台形ねじの特徴を合わせ持ったねじで，大きな力が1方向だけから働く場所に用いる。

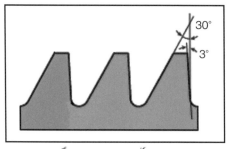

30°

3°

図2-2-9　のこ歯ねじ

e．ボールねじ

おねじのねじ溝と，めねじのねじ溝を対向させて円形通路を作り，鋼球を1列に入れたねじである（図2-2-10参照）。おねじを回すと鋼球は，めねじの中を，リターンチューブを通じて循環する。他の運動用ねじに比べ，摩擦係数がきわめて小さく，バックラッシを限りなく0に近づけることができるため，高精度が要求されるNC工作機械の送りねじなどに用いられる。

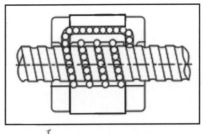

図 2-2-10　ボールねじ

f. 丸ねじ

　　図 2-2-11 に示すように，ねじ山の断面形状が半円形のねじである。埃や砂などの異物の混入を嫌う場所に使われる。電球のねじとして使われるため，電球ねじともいう。その他にも，ガラスや陶磁器用のねじとしても用いられる。

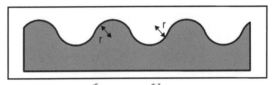

図 2-2-11　丸ねじ

(3) ボルト，ナット，座金等のねじ部品の種類，形状及び用途

a. ボルト

　　ボルトは，部品と部品を締めつけ固定するための機械要素で，ねじの 1 つである。図 2-2-12 に示すように，おねじが切られた軸部と六角形の頭部からなり，ナットと共に締めたり，めねじが切られた穴に締め付けたりして使用する。

図 2-2-12　六角ボルト

　　一般的なボルトの多くは，軟鋼を用いて製作されるが，特に強度を要するものにはニッケルクロム鋼などの特殊鋼を用い，耐食性を必要とするものにはステンレス鋼や銅合金を用いる。また，めっきなどの表面処理を施してその性能を向上

させることもある。

図 2-2-13 に各種ボルトを示す。

(a) 通しボルト

ボルトをボルト穴に通し，ナットにより締め付ける。

(b) ねじ込みボルト（押えボルト）

ナットを使わずにめねじにボルトをねじ込んで締め付ける。押えボルト，タップボルトともいう。

(c) 植込みボルト

頭部がなく，棒の両端にねじを切ったボルト。スタッドボルトともいう。

(d) リーマボルト

リーマ仕上げをした穴に，隙間なしにはめ込んで使用するボルト。分解後に再組立てをしても再現性が良い。

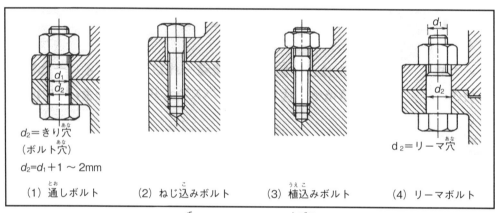

図 2-2-13　ボルトの種類

b．特殊ボルト

図 2-2-14 に示すように，用途に応じて様々なボルトが存在する。

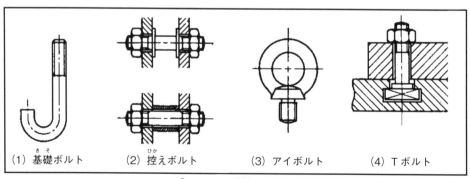

図 2-2-14　特殊ボルト

c. ナット

ナットは，めねじを持つ機械要素で，ボルトと組み合わせて部品と部品を締めつけ固定するために使用する。一般的なナットは，図 2-2-15 に示すように，六角ナットと四角ナットがある。六角ナットは，最も使用されているナットで，四角ナットは，主として建築用や木工用に使用される。

一般的なナットは，ボルトと同様に軟鋼を用いて製作されるが，特に強度を要するものにはニッケルクロム鋼などの特殊鋼を用い，耐食性を必要とするものにはステンレス鋼や銅合金を用いる。また，めっきなどの表面処理を施してその性能を向上させることもある。

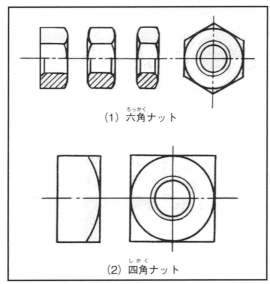

(1) 六角ナット

(2) 四角ナット

図 2-2-15 六角ナットと四角ナット

d. 特殊ナット

図 2-2-16 に示すように，用途に応じて様々なナットが存在する。表 2-2-1 には，特殊ナットの用途を示す。

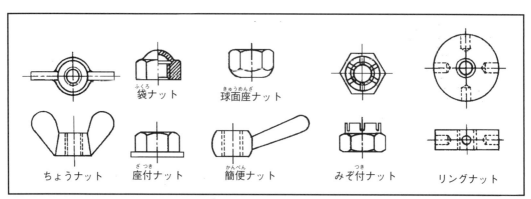

図 2-2-16　特殊ナット

表 2-2-1　特殊ナットの用途

種　類	用　途
ちょうナット	取り付け取り外しが多い箇所に使用する
袋 ナット	ねじ部から流体の漏れを防ぐ場合や装飾的な場合に使用する
座付きナット	座を付けてナットのすわり良くしたもの
球面座ナット	ボルトの軸心が直角でなくても座面に収まる
簡便ナット	ハンドル付きのナット
みぞ付きナット	菊ナットともいい，割ピンとともに使用することで，ナットのゆるみを止める
リングナット	締め付けにはリングスパナやかぎスパナを用い，あまり力のかからない箇所に使用する

e. 座金

　　座金は，ワッシャーとも呼ばれ，ボルトの穴が大きすぎたり，座面が平滑でなかったり，傾いているときに使用する。また，または締め付け部が弱すぎるときや，ナットのゆるみ止めとして，それぞれに適した形状や材質の座金を用いる。図 2-2-17 に示すように，用途に応じて様々なナットが存在する。表 2-2-2 には様々な座金の用途を示す。

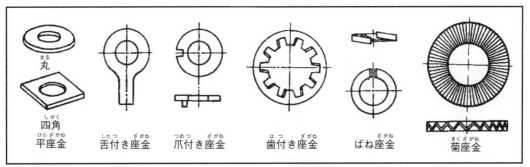

図 2-2-17　様々な座金

表 2-2-2　様々な座金の用途

種類	用途
平座金	鋼板で作られ，四角のものは木材用
舌付き座金	ナットを締めてから舌部を折り曲げ，ゆるみ止めとして使用する
爪付き座金	折り曲げた爪部により固定する
歯付き座金	歯部はねじれていて，ばねの効果を利用して振動の多い部分でのゆるみ止めとなる
ばね座金	安価なため，振動によるボルトやナットのゆるみ防止として広く利用されている
菊座金	ボルトやナットの振動によるゆるみを防止する

2. 歯車

歯車は，回転体の外周に等間隔の歯形を設け，この歯を次々にかみ合わせて，確実な動力伝達を可能にした機械要素である。すべりがなく，大きな動力を伝達でき，効率も良い。

(1) 歯車用語の意味

歯車を表すための用語は，JISの「歯車用語」に詳しく規定があるが，その中でも特に重要なものを以下に挙げる（図2-2-18参照）。

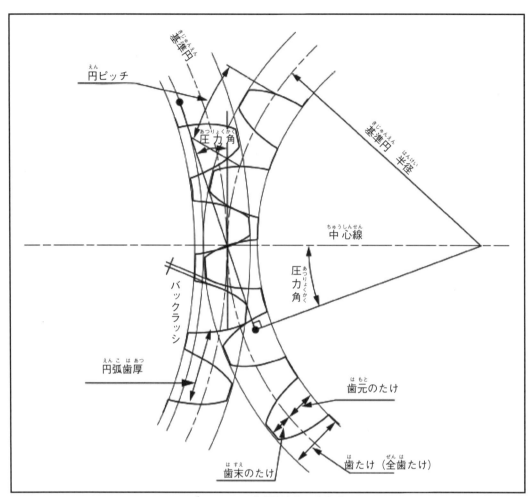

図 2-2-18　歯車各部の名称

a．モジュール

　　モジュールは歯車の歯の大きさを表す値である。歯車同士をかみ合わせるには，互いの歯車のモジュールを等しくする必要がある。

b．基準円（ピッチ円）

　　歯車同士がかみ合うとき，歯車のかみ合う位置から，中心までの距離を半径とした円のことである。基準円はピッチ円と呼ぶこともあり，その径を基準円直径，またはピッチ円直径と呼ぶ。ここで，ある歯車のモジュールをm，歯数をzとすると，基準円直径dは以下のような関係がある。

$$d = mz$$

c．ピッチ（円ピッチ）

　　ピッチは，基準円上での隣り合う歯と歯の距離である。つまり，ピッチpは，

基準円直径 d，歯数 z とは，以下の関係が成り立つ。

$$p = \frac{\pi d}{z}$$

また，モジュール m との関係は，以下のようになる。

$$p = \pi m$$

d．歯厚

ピッチ円上での歯の厚さを歯厚と呼ぶ。

e．圧力角

歯車の歯面上のある点（通常はピッチ円上）で，この点を通る半径線と歯形の接線とがなす角を圧力角と呼ぶ。一般的なインボリュート歯車の圧力角は，20°である。

f．歯の高さ

歯先からピッチ円までの距離を歯末のたけ，ピッチ円から歯底までの距離を歯元たけと呼ぶ。つまり，歯末のたけと歯元たけを足した値が歯の高さとなり，これを全歯たけと呼ぶ。

g．歯形

歯車の主な使用目的は，動力の伝達である。動力を効率よく伝達するために歯車の歯の形状（歯形）は，インボリュート歯形やサイクロイド歯形が用いられる。一般的には，製作しやすい，中心距離が多少異なっていてもスムーズにかみ合うなどの利点があることから，インボリュート歯形が広く利用されている。

h．バックラッシ

「バックラッシ」とは，歯車をかみ合わせたときのできる遊びのことである。歯車がスムーズに無理なく回転するには，バックラッシが不可欠で，バックラッシが全くない場合，かみ合った歯車は回転しない。歯車のバックラッシには，主に図 2-2-19 に示すような円周方向バックラッシと法線方向バックラッシがある。

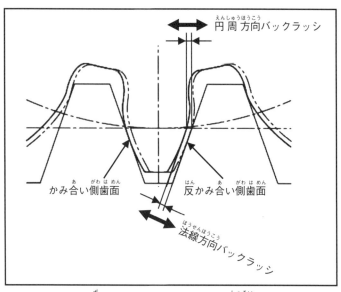

円周方向バックラッシ

かみ合い側歯面　　反かみ合い側歯面

法線方向バックラッシ

図 2-2-19　バックラッシの種類

(2)　歯車の形状及び用途

　　歯車にはその用途によりたくさんの種類がある。その分類の方法としては，歯車軸がどのような位置にあるかによるものが一般的で，平行軸，交差軸，食い違い軸の3つに分類される。

　　平行軸の歯車には，平歯車，はすば歯車，交差軸の歯車には，かさ歯車，食い違い軸歯車には，ウォームギヤ及びウォームホイールなどがある。また特殊な用途向けとして，ラック及びピニオンなどがある。

a．平歯車

　　図 2-2-20 に示すような，歯が回転軸と平行になっている歯車である。容易に製作できるため動力伝達用に最も多く使われている。

図 2-2-20　平歯車

b．はすば歯車

図 2-2-21 に示すような，平歯車の歯を回転軸に対して斜めにした歯車である。同時にかみ合う歯数を増やすことで，伝達トルクの変動が少なくなり，騒音も少ない。一方で，トルクがかかることで軸方向力が発生する。

図 2-2-21　はすば歯車

c．かさ歯車

図 2-2-22 に示すような，円錐面上に歯を持った歯車で，傘のような形状をしていることから，このように呼ばれる。平行ではなく角度がついた軸同士の動力伝達で用いられる。

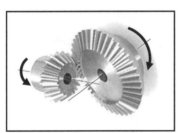

図 2-2-22　かさ歯車

d．ウォーム及びウォームホイール

図 2-2-23 に示すような，ウォームとウォームホイールを，互いの回転軸が直角で交わらない位置で組み合わせたものである。1 段で大きな減速比が得られ，他の歯車機構に比べて騒音が少ない。動力はウォームから入り，ウォームホイールから出力されるが，逆の場合はロックがかかり，歯車は回転しない。

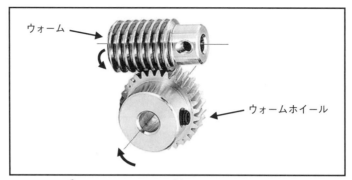

図2-2-23　ウォーム及びウォームホイール

e．ラック及びピニオン

　　ラックとは，平歯車（ピニオン）とかみ合う直線歯形の歯車で，平歯車のピッチ円直径が無限大∞になったものである。図2-2-24にラック及びピニオンを示す。ラックとピニオンの組み合わせは，回転運動と直線運動の変換に用いられる。

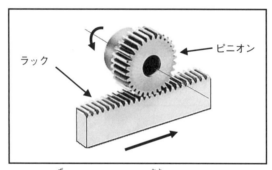

図2-2-24　ラック及びピニオン

3．その他の機械の構成要素

(1)　キー及びピン

a．キー

　　キーは，歯車などの回転体と軸を結合するときに，円周方向の相対的な動きを止め，効率よくトルクを伝達するために用いる。一般に軸の材料より硬い材料を使用して製作する。図2-2-25に各種のキーを示す。

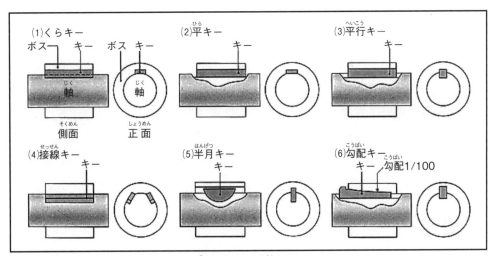

図 2-2-25　各種キー

b. ピン

　機械部品を締結するとき，あまり力がかからない箇所や狭いところでは，ねじやキーの代わりにピンを用いることがある。また，ねじを用いて組み立てられた機械部品を分解し，再組立てを行う際に，正確な位置決めを行うためにピンを用いる。その他にも，みぞ付きナットのゆるみ止めにもピンが使われる。図 2-2-26 に各種のピンを示す。

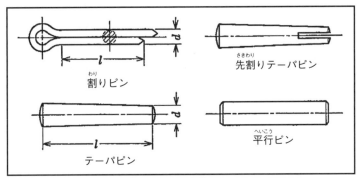

図 2-2-26　各種ピン

(2) 軸，軸受及び軸継手

a. 軸

　軸は，回転によって動力を伝達するための機械要素であるが，荷重を支える役割のもの，往復運動の伝達に用いられるものも含まれる。その形状，用途及び力のかかり方などから，伝動軸，主軸，車軸，クランク軸，プロペラ軸，たわみ軸等

に分類される。

b．軸受

　軸受は，回転や往復運動する部品に接して荷重を受け，軸などを支持する機械要素である。その構造によって，油膜や圧縮空気を介して荷重を支える「滑り軸受」と，玉あるいはころ等の転動体を介して荷重を支える「転がり軸受」とに分類される。滑り軸受は，負荷能力，高速性能，耐衝撃性に優れ，潤滑が良好であれば，寿命は半永久的である。一方，転がり軸受は，起動摩擦が小さく，潤滑や保守が容易であり，高温・低温特性が良く，種々の形式のものが市販されているので互換性に優れる。

c．軸継手

　軸継手は，回転軸どうしを連結するための機械要素で，2つの軸の軸心が同一線上にある場合や，軸心がずれていたり，回転中に軸心が移動したりしても，動力を伝達するものがある。また，回転中にその連結を外すことが不可能なものを「カップリング」，可能なものを「クラッチ」と呼ぶ。

(3)　リンク機構及びカム装置

a．リンク機構

　リンク機構とは，リンクまたは節と呼ばれる細長い棒状の物体を組合わせて，回転あるいはすべりの可動部分を介して，運動を伝達する機構である。代表的なリンク機構としては，4つのリンクで構成される四節回転機構（図2-2-27参照）があり，リンクの長さを変えることによって，てこクランク機構，両てこ機構，両クランク機構の3種が得られる。その他にも四節回転機構の一部の可動部分をすべりとしたスライダクランク機構などがある。

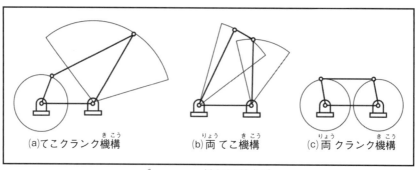

(a)てこクランク機構　　(b)両てこ機構　　(c)両クランク機構

図2-2-27　四節回転機構

b．カム装置

　カムとは，円形，楕円形，その他特殊な輪郭形状をした機械部品で，直接接触により従動部に所要の周期的運動させるために用いる。その利用範囲はきわめて広く，自動車や船舶のエンジンや工作機械など各種の機械で使われている。カム装置は，平面運動をする平面カムと立体的な運動をする立体カムに大別できる（図2-2-28参照）。

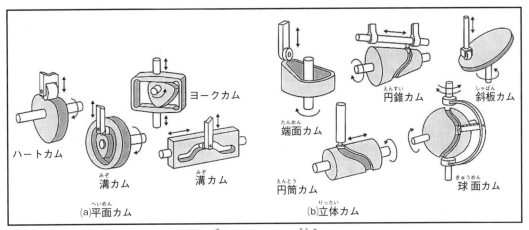

ヨークカム
ハートカム
溝カム
溝カム
(a)平面カム

円錐カム
斜板カム
端面カム
円筒カム
球面カム
(b)立体カム

図 2-2-28　カム装置

(4)　ベルト及び鎖伝動装置

a．ベルト伝動装置

　ベルト伝動装置とは，駆動軸と従動軸に取り付けられたベルト車にベルトを巻掛け，ベルト車とベルト間の摩擦力によって動力を伝える機構である。伝動効率が90％以上と良く，装置の構造も簡単であるため，軸間の動力伝動によく使用される。ベルト伝動には，ベルトの断面が板状の平ベルトによるものと，断面が台形のVベルトによるものがある。平ベルトの材質には，皮革，木綿，ゴム，鋼など様々なものがあり，一方のVベルトはゴム製で，通常は数本を並べて巻掛け使用する。その他にも，平ベルトに浅いラック状の歯を付けたタイミングベルトによるものもあり，すべりがなく伝達効率が非常に良い。

b．鎖伝動装置

　鎖伝動装置とは，駆動軸と従動軸に取り付けられた鎖車（スプロケット）に鎖（チェーン）を巻掛け，動力の伝達を行う装置である。チェーン伝動ともいう。鎖を掛ける車は，鎖がかみ合う歯をもっている。鎖車の歯1つ1つに鎖を連結しているピン，ローラーが接触し，ピン，ローラーを押して動力を伝える。鎖

は鎖車の歯とかみ合っているので，運動を確実に伝えることができ，ベルト伝動装置に見られる滑りが発生しない。鎖は金属製であるので，強度があり大馬力の伝動ができる。速度比を確実に保ちたいとき，一つの原動軸から多数の軸に運動を伝達したいとき，低速度で伝達動力の大きい場合によく用いられ，工作機械，自動車，オートバイ，自転車に使用されている。鎖は湿気や熱の影響を受けない利点がある。

　しかし，摩擦が大きく，振動や騒音も大きい欠点があるため，高速度の運動伝達には使用されない。動力を伝える2軸間の距離が比較的短く，しかも歯車伝動では不都合がある場合に使われる。図2-2-29に様々な鎖伝動装置を示す。

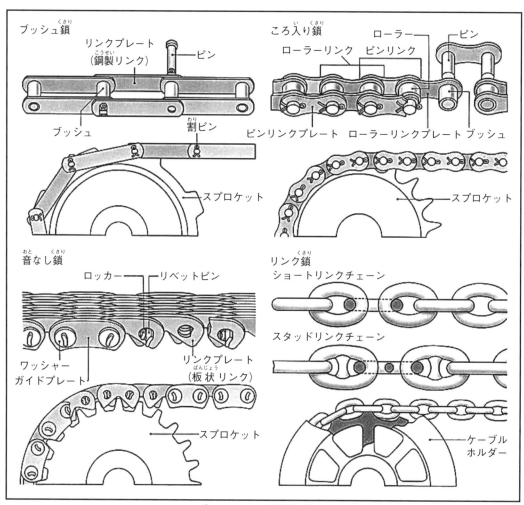

図 2-2-29　鎖 伝動装置

(5) ブレーキ及びばね

a．ブレーキ

　ブレーキは機械の運動部分のエネルギーを吸収して，熱エネルギーや電気エネルギー等の他のエネルギーに変換して，その運動の速度を減少させたり，停止させたりする装置である。ブレーキには様々な種類があるが，最もよく用いられているのは，摩擦ブレーキである。ブレーキを動作させる力には，人力，圧縮空気，油圧，電気などが利用される。

b．ばね

　ばねは，弾性体で作られ，荷重を加わるとばねがひずみ，荷重が無くなると，ひずんでいた時に蓄えられたエネルギーを放出する。この性質を利用して，振動を緩和し，衝撃を吸収したり，蓄えたエネルギーを動力源として用いたり，はかりとして利用されたりしている。

第3節　電気

　工作機械の点検や保守を行う際に，電気に関する基礎知識は不可欠となる。ここからは，電気に関する基礎知識について解説する。

1.　電気用語

(1)　電流

　導体中の電子の流れを電流という。ただし，電子の流れは電流と逆向きである。電流の大きさは1秒間に流れる電子の量を示し，単位はA（アンペア）で表す。

(2)　電圧

　水位の差で水が流れるように，電流を流すためには電位の差が必要である。この電位の差のことを電圧という。また，電圧を生じさせる力を起電力という。電圧と起電力の単位にはV（ボルト）を用いる。

(3)　電力

　一定の電流を一定の電圧で流したときのエネルギーを電力といい，単位はW（ワット）で表す。1Vの電圧で1Aの電流を流したときの電圧は1Wである。したがって，電力をP(W)，電圧をE(V)，電流をI(A)としたとき，次式のような関係となる。

$$P = EI$$

(4)　抵抗

　抵抗は，電流の流れにくさのことで，単位にはΩ（オーム）を用いる。導体の両端の電圧が1Vで，これに流れる電流が1Aのとき，この導体の抵抗は1Ωとなる。また抵抗は，導体の長さに比例し，その断面積に反比例する。

　導体を流れる電流の大きさは，導体両端の電圧に比例し，抵抗に反比例することが知られている。これをオームの法則という。つまり，電流をI(A)，電圧をE(V)，抵抗をR（Ω）としたとき，次の関係が成立する。

$$I = \frac{E}{R}$$

(5)　直流

　大きさが一定で，流れの方向も一定，電圧の向きも大きさも一定である電流のこと

を直流電流という。

(6) 交流

電流と電圧の方向、及び大きさが一定の周期で変化する電流のことを交流電流という。

(7) 周波数

交流の電流と電圧の一定周期の変化が、1秒間で何回繰り返されるかを表したものが周波数である。単位は、Hz（ヘルツ）を用いる。

(8) 力率

交流の電力 P は以下のように表される。

$$P = EI \cos \theta$$

交流の場合、電圧の実効値と電流の実効値との間にずれがあったとき、実際の電力 P は低下することが知られている。そのずれ（位相差）を θ とした場合、$\cos \theta$ で表される値を力率と呼ぶ。ここで、P は有効電力、EI を皮相電力と呼ぶが、交流の電力を求める式から、力率は以下のようになる。

$$力率 = \frac{有効電力}{皮相電力} = \frac{P}{EI}$$

つまり、力率は皮相電力が有効電力になる割合を示していることになる。また、$\cos \theta$ は0〜1の値を取るので、通常は100倍して％で表す。

2. 電気機械器具の使用方法
(1) 交流電動機の回転数、極数及び周波数の関係

交流電動機の代表例として、誘導電動機がある。誘導電動機は、入力される交流電源の種類によって、単相誘導電動機と三相誘導電動機があるが、広く一般に使用されているものは後者である。

ここで、交流電動機の回転数を N (min-1)、交流電源の周波数を f (Hz)、極数を P とすると、以下のような関係になる。

$$N = \frac{120f}{P}$$

(2) **電動機の起動方法**

　　ここでは三相誘導電動機の起動方法について解説する。電動機の起動時は，定格電流の数倍の大電流が流れ，悪影響を及ぼす恐れがあるので，起動電流はなるべく抑えるほうが良い。

a．スターデルタ（Y-Δ）起動法

　　5～15kW程度のかご形三相誘導電動機でよく使われる起動法。起動スイッチで，起動の時は電動機のコイルを図2-3-1に示すようなスター接続にし，回転速度が十分に上がってから通常使用時のデルタ接続に切換えるものである。これにより起動時に電動機が受ける電圧は，全電圧の $1/\sqrt{3}$ となり，起動電流は定格電流の2～2.5倍程度に抑えられる。

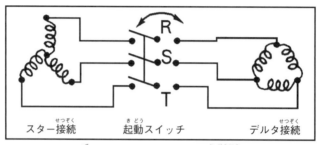

図2-3-1　スターデルタ起動法

b．起動抵抗器法

　　スリップリングを持つ巻線形誘導電動機に使われるもので，スリップリングに入れた抵抗を，回転が上がるにつれて小さくする方法。

c．起動補償器法

　　変圧器を用い，起動時の電圧を低くしておき，回転が上がるにつれて，電圧を上げていく方法。15kW以上の大型のかご形誘導電動機で使用される。

(3) **電動機の回転方向の変換方法**

　　三相誘導電動機の場合，三相電源のうち，任意の2線を入れ替えることで，回転方向を逆にすることができる。

(4) **回路遮断器の性質及び取扱い**

　　電動機などの負荷に，過負荷や短絡などが要因で，異常な過電流が流れると電動機などを破損する恐れがある。このような破損を防止するために回路遮断器を用いることがある。回路遮断器は，自ら溶断し回路を遮断するヒューズと，規定以上の電

流が流れると電磁石が働き，その吸引力でスイッチを切ってしまう配線用遮断器がある。

(5) 直流電動機

　直流電動機は固定子の界磁巻線が磁界を作り，回転子の電機子巻線に電流が流れると，フレミングの左手の法則に基づき電機子巻線に親指の方向に電磁力が発生し機械的に回転する電動機である（図2-3-2参照）。

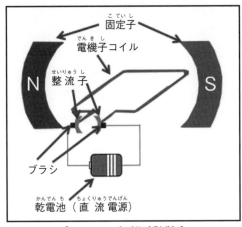

固定子

電機子コイル

整流子

N

S

ブラシ

乾電池（直流電源）

図2-3-2　直流電動機

第4節　品質管理

　品質管理は，JIS において「買手の要求に合った品質の品物又はサービスを経済的に作り出すための手段の体系」とされている。つまり，「どのようにしたら良い"もの"を安く，短納期で作り続けられるか？」を考えるもので，採取されたデータから統計的手法を用いて予防の考えを基礎にしていることから，統計的品質管理とも呼ばれている。

　日本における品質管理の発展は第二次世界大戦後，1950年にデミング博士による紹介から始まり，その後，1962年には現場主体の活動形態として「QC サークル」の発足など日本独自の形で発展していった。

1.　規格限界

　規格限界とは，製品またはサービスが機能する範囲を定める値である。通常，規格限界は顧客の要件によって設定されるが，製造現場では，図面等で指示される寸法公差や許容誤差を規格限界とすることがある。

2.　特性要因図

　QC 7つ道具のひとつで，問題抽出に用いられるツール。ある問題に対して関連する原因の洗い出しを行うため，図2-4-1に示すような，問題（特性）とその発生の原因（要因）を矢印で結んで図示したもの。その図の形状が魚の骨の形に似ていることから，魚の骨とも呼ばれる。

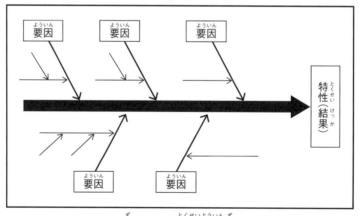

図 2-4-1　特性要因図

　特性要因図は工程の更なる能力の向上を検討する場において有効な手法であり，ブレインストーミングの要領で要因を抽出して洗い出した要因の関連性を特性要因図

に表し，アプローチを行う要因の順位付けを行う為の資料とする。生産工程の現場では，ある問題に対する要因として４Ｍ（人（Human）・機械（Machine）・材料（Material）・方法（Method））を大骨とし，その４点に対して更なる要因の洗い出しが行われる。

3. 度数分布表

　　度数分布は，データを階級に分けることで，各階級の度数を表の形式で表したものを度数分布表と呼んでいる。JISでは「特性値と，その度数または相対度数との関係を観測したもの」と定義している。

4. ヒストグラム（柱状図）

　　ヒストグラムは，度数分布で得られた結果を，図2-4-2のような棒グラフ状の図で表したものである。データの分布やばらつきなどの傾向を判断するためのツールで，QC 7つ道具のひとつである。ヒストグラムは以下のような目的で作成される。
　　・データの分布を把握する　　　　　　・データの平均値とばらつき把握
　　・データの状態及び正規性の検討　　　・規格限界との関係
　　・工程能力指数（Cp値またはCpk値）の検討

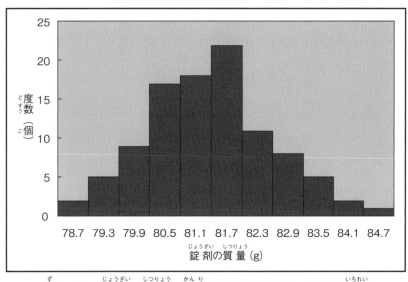

図2-4-2　錠剤の質量を管理したときのヒストグラムの一例

5. 正規分布

　　平均値の付近に集まるようなデータの分布を表した確率分布のことを正規分布と呼

ぶ。正規分布とは，平均・中心からの分布（ばらつき）を表したもので，ばらつき具合は，正規分布のグラフの形に収束するだろうという確率論や統計論の説明に使う分布である。偶然原因だけによる変動をしているデータの集まりであれば，このデータの分布は中心極限定理に従い，正規分布に近似できる。機械加工等の物理的数量の計測値のばらつきは，偶然によって起きていると考えられ，多くは正規分布に従う。

6. 抜取検査

　検査の対象となる製品の集まり（ロット）の全てを，1個ずつ検査することを全数検査という。全数検査を完全に行えば，その製品の品質を完全に保証することができる。しかし，ボルトやナットのように値段が安くて検査個数の多いものに，莫大な時間と費用をかけて全数検査を行うことは，経営的観点から不利であり，また限られた時間内で全数検査を完全に行うことは，不可能に近い。また，その製品を破壊しなければ，その特性を測定できない破壊検査のような場合には，全数検査を行うことは不可能である。このような場合に，抜取検査を適用する。

　抜取検査は，検査対象となる製品のロットからある一部のみ（サンプル）を検査し，統計的手法を用いて，ロット全体の合否を判定する検査方法である。全数検査よりも検査個数が少ないので，検査の時間と費用が少なくてすみ，経営的観点からも有利となる。しかし，限られたサンプルのみでロット全体を予測するので，検査に合格したロットの中に，不良の混入がないと断言することはできない。したがって，自動車のブレーキなどのように不良品がひとつでも混入することが許されない重要な部品には，抜取検査を適用することはできない。

第2章　確認問題

以下の問題について，正しい場合は○，間違っている場合は×で解答しなさい。

（1）　けがき線は，けがき針を数回引くと，はっきりした線が引ける。

（2）　トースカンは，工作物に水平線を引く時に使う工具である。

（3）　けがき塗料として用いる青竹は乾燥が遅い。

（4）　トースカンとVブロックを使って，円の中心を求めることができる。

（5）　片パスで，円の中心を求めることができる。

（6）　ねじの使用目的は，締結のみである。

（7）　ねじのピッチは，ねじが1回転した時に進む距離のことである。

（8）　ボールねじのバックラッシは，極めて少ない

（9）　一般的なインボリュート歯車の圧力角は，10°である。

（10）　ラックとピニオンの組み合わせは，回転運動と直線運動の変換に用いられる。

（11）　滑り軸受は，起動摩擦が小さく，潤滑や保守が容易であり，高温・低温特性が良く，種々の形式のものが市販されているので互換性に優れる。

（12）　チェーンを用いた動力伝動装置は，滑りが発生することがある。

（13）　抵抗は，電流の流れにくさのことで，単位にはA（アンペア）を用いる。

（14）　電動機の起動時は，定格電流の数倍の大電流が流れ，悪影響を及ぼす恐れがあるので，起動電流はなるべく抑えるほうが良い。

（15）　検査の方法には，全数検査と抜き取り検査がある。

第2章　確認問題の解答と解説

(1) × （理由：けがき線は、1回ではっきりと引くこと。）

(2) ○

(3) × （理由：青竹は乾燥が早い）

(4) ○

(5) ○

(6) × （理由：ねじの使用目的は、締結用と運動用に大別される。）

(7) × （理由：ねじのピッチは、となり合うねじ山の距離である。）

(8) ○

(9) × （理由：一般的なインボリュート歯車の圧力角は、20°である。）

(10) ○

(11) × （理由：問題文の説明は、転がり軸受のものである。）

(12) × （理由：鎖（チェーン）は鎖車（スプロケット）の歯とかみ合っているので、運動を確実に伝えることができ、ベルト伝動装置のような滑りが発生しない。）

(13) × （理由：抵抗の単位には、Ω（オーム）を用いる。）

(14) ○

(15) ○

第3章　測定作業

第1節　測定基礎

1.　測定とは

　測定とは,「ある量を,基準として用いる量と比較し数値又は符号を用いて表すこと。」と,日本産業規格(JIS Z8103)に定義づけられている。つまり,測定したい対象物(機械加工の場合は工作物)を基準物と比べることである。この基準物となるものが測定器で,測定する対象や目的,方法,精度に応じて多種多様なものがある。

　機械加工を行う際は,図面に指示されたとおりの加工ができているかを確認しながら作業を進める必要がある。この確認することが測定作業である。このほかにも,製品の検査を行う際にも測定をして,その製品の合格・不合格を判定することになる。また,製造工程の品質管理を行うためのデータ採取でも測定は行われる,このように,機械加工に限らず,ものづくりの現場では,様々な場面で必要となる重要な作業が測定作業である。

2.　直接測定と比較測定

　工作測定は,直接測定と比較測定の2種類に大別できる。直接測定は,スケールやノギス,マイクロメータ,分度器等の測定器を用いて,工作物の寸法や角度を測定し,値を直接読み取る方法である。絶対測定とも呼ばれる。測定器の測定範囲が広いため,1つの測定器で様々な測定が行えるが,目盛の読み間違いを起こしやすいというデメリットもある。

　一方,比較測定は,ブロックゲージなどの基準を用いて,それと工作物との差をダイヤルゲージ等の測定器を用いて測定し,基準と比較することで測定値を求める方法である。間接測定とも呼ばれ,使用される比較測定器はコンパレータとも呼ばれる。比較測定のメリットとしては,測定器を適切に設置することにより,大量測定に適し,高い精度の測定が比較的容易にできる。しかし,測定器の測定範囲が狭く,直接測定物の寸法を読み取ることができない等のデメリットがある。表3-1-1に直接測定と比較測定の特徴をまとめたもの示す。

表 3-1-1　直接測定と比較測定

		直接測定	比較測定
測定方法		測定器を用いて測定値を直接読み取る	既に分かっている基準と比較して測定を行う
特徴	長所	・測定器の持つ測定範囲が，他の測定法に比べて広い。 ・測定物の実際寸法が直接読み取れる ・少量多種類の測定に適している	・測定器を適切に設置することにより，大量測定に適し，高い精度の測定が比較的容易にできる ・寸法のばらつきを知るのに計算が省ける ・長さに限らず，面の各種形状の測定や工作機械の精度検査など使用頻度が高い
	短所	・目盛の読み誤りを生じやすく，測定に要する時間が長い ・精密な測定器の場合は取り扱いに熟練と経験を必要とする	・測定範囲が狭く，直接測定物の寸法を読み取ることができない ・基準寸法となる標準器が必要である

第2節　測定器

1．測定器の分類

　機械加工で使用する測定器は，測定する対象や目的，方法，精度に応じて多種多様なものがあることはすでに述べた。表3-2-1に機械加工で使用する一般的な測定器類を示す。

表 3-2-1　直接測定と比較測定

区分	名　称	最小目盛	測定機構	参考図
実長測定器	スケール（2．(1)参照）	0.5mm		
	ノギス（2．(2)参照）	0.05mm	副尺併用	
	マイクロメータ（2．(3)参照）	0.01mm	ねじ送りを回転角度に拡大	
	デプスゲージ（2．(4)参照）	0.05mm	副尺併用	
	ハイトゲージ（2．(5)参照）	0.02mm	副尺併用	
	ブロックゲージ（2．(6)参照）		呼び寸法（外寸）が極めて精密な端度器。必要寸法はリンギングを行って得る。	
比較測定器	ダイヤルゲージ（3．(1)照）	0.01mm	スピンドルの動きを歯車で拡大	
	てこ式ダイヤルゲージ（3．(2)参照）	0.01mm（0.002mm）	てこの動きを歯車で拡大	

	空気マイクロ メータ （3．(3)参照）	0.001mm	隙間の大小によって変化す る空気の流出量を利用	 （引用：日本電産シンポ(株) ホームページ FT－5501）
	電気マイクロ メータ （3．(4)参照）	0.2〜5μm	様々な測定部があるが，差 動変圧器を用いた誘導形が 多い	 （引用：(株)ミツトヨカタ ログ No.13003(7) M551）
角度測定器	角度ゲージ （4．(1)参照）		必要な角度を得るときは， 複数を組み合わせる	
	サインバー （4．(2)参照）		角度を長さに変換して必要 な角度を得る	
	水準器 （4．(3)参照）	0.02mm/m	円弧状のガラス管の中に気 泡を残した液体を封入した もの	
	スチールプロト ラクタ （4．(4)参照）	1°	角度目盛のついた半円形の 鋼板とブレードを組合わせ たもの	
	ベベルプロトラ クタ （4．(5)参照）	5′	副尺併用	

2．実長測定器

(1) スケール

　　スケールは物の高さ，幅，深さ等を測定できる。図3-2-1に示すような，長さが
150mm や300mm の鋼製のスケールがよく使われる。1 mm，0.5mm 単位の測定が

<ruby>可<rt>か</rt></ruby><ruby>能<rt>のう</rt></ruby>である。

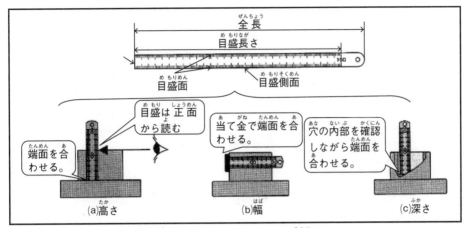

図 3-2-1　スケールによる<ruby>測定<rt>そくてい</rt></ruby>

<測定上の注意点>
① スケールの端面を工作物の端面にしっかりと合わせる。
② 工作物に平行にあてる。
③ 目盛は正面から見る。

(2)　ノギス

　　ノギスは，工作物の外径，内径及び深さを測定できる。一般的なノギスでは最小測定目盛は，0.05mm である。図 3-2-2 にノギスの各部の名称を示す。

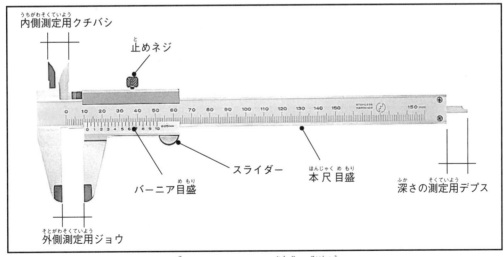

図 3-2-2　ノギスの各部の<ruby>名称<rt>めいしょう</rt></ruby>

<測定上の注意点>
① ジョウを合わせて，本尺と副尺との0が合っているかを確認する。
② 工作物の測定箇所に直角になるように本尺のジョウをあてる（図3-2-3参照）。
③ 工作物をはさんだまま目盛を読む（図3-2-4参照）。

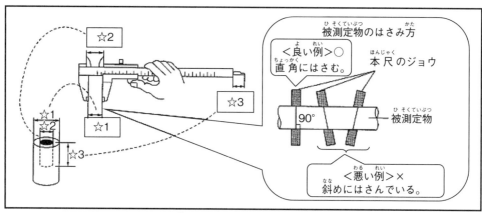

図3-2-3　ノギスの使い方

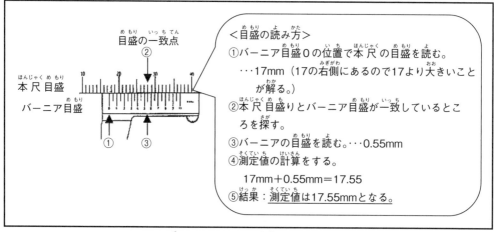

図3-2-4　ノギス目盛の読み方

(3) マイクロメータ

　　マイクロメータは，工作物の外径，内径及び深さを測定できるものがある。極めて正確なねじを利用した測定器で，スピンドルを1回転させると0.5mm進む。スピンドルに直結したシンブルの外周には，50等分した目盛りがついていて，0.5mm÷50＝0.01mmとなることから，1目盛りの読みは，0.01mmとなっている。さらに，目

盛り間を目分量で細分化すれば0.001mm単位の測定も可能である。図3-2-5に示したものは，外径等が測定できる外側マイクロメータである。

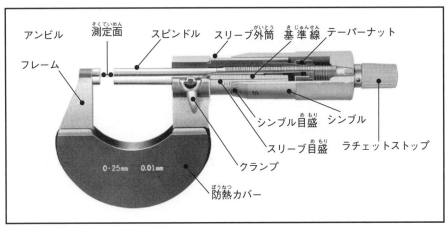

図3-2-5　外側マイクロメータの各部の名称

<測定上の注意点>

①　シンブルを回転しアンビルとスピンドルを合わせて，0が合っているかを確認する。（アンビルやスピンドルの先端にゴミや埃が付いている場合は取り除く）。

②　スリーブの基線が測定者の目の方向に合う角度でマイクロメータを持つ（図3-2-6参照）。

③　測定するときの力は，ラチェットストップを使って，締めすぎないように廻す力と回数を一定にする。

④　目盛は，工作物をはさんだまま読む（工作物からマイクロメータを外して読まない）。

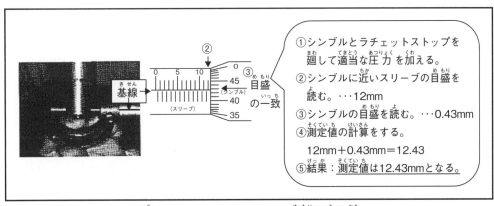

図3-2-6　マイクロメータの目盛の読み方

— 81 —

⑷ デプスゲージ

　デプスゲージは，穴や溝の深さ，及び段差等の測定に特化した測定器である。図3-2-7にデプスゲージの各部の名称と，使用例を示す。ノギスと同様の副尺目盛が付いており，読み方もノギスと同じである。

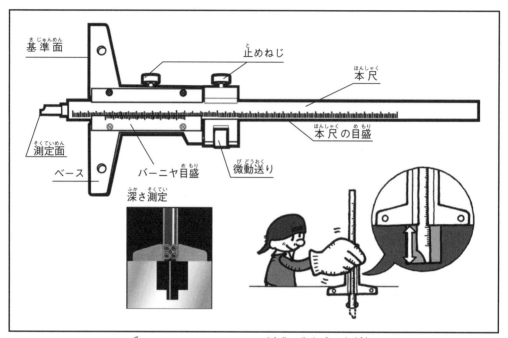

図3-2-7　デプスゲージの各部の名称と使用例
(引用：トラスコ中山（株）ココミテ　デプスゲージ)

＜測定上の注意点＞
　① 定盤上に基準面と測定面の両方を当て，0が合っているかを確認する。
　② 基準面を直角に工作物に当ててから本尺を静かに押し出す。
　③ 目盛りが読みにくい時は，止めねじでクランプしてから工作物から離し，目盛りの正面の位置で寸法を読み取る。

⑸ ハイトゲージ

　ハイトゲージは，定盤とともに使用する測定器で，定盤上に置いた工作物の高さの測定に使用される。目盛りは，ノギスと同様の副尺目盛を持つものが一般的であるが，ダイヤル目盛やデジタル表示のものもある。また，第2章でも示したとおり，トースカンの代用としてけがき作業にもよく使用される。図3-2-8にハイトゲージとその各部の名称を示す。

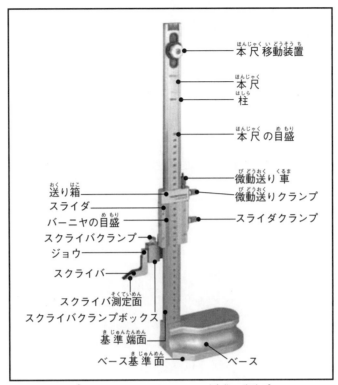

本尺移動装置

本尺

柱

本尺の目盛

微動送り車

送り箱

微動送りクランプ

スライダ

バーニヤの目盛

スライダクランプ

スクライバクランプ

ジョウ

スクライバ

スクライバ測定面

スクライバクランプボックス

基準端面

ベース基準面

ベース

図 3-2-8　ハイトゲージの各部の名称

(6)　ブロックゲージ

　ブロックゲージは，長さの基準として用いられる直方体形のゲージである。ブロックゲージの構造を図 3-2-9 に示す。直方体の 6 面のうち 1 組の向かい合った 2 面が極めて高い水準で平坦，平行に作られ，その 2 面間の距離が極めて正しく所定寸法となるように仕上げられている。熱処理をした鋼やセラミックスのような硬質で時効変化の少ない素材を用いて作られていて，ノギスやマイクロメータ等の検査にも使用される。図 3-2-10 に示すようなブロックゲージのセットには112個組，103個組，76個組などの組み合わせがあり，多数を組合せる（リンギング）ことで任意の寸法を作り出す（図 3-2-11 参照）。

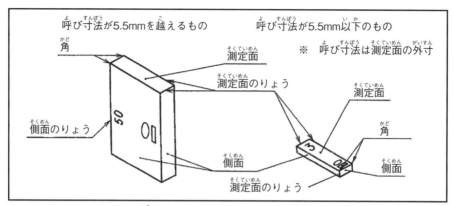

図 3-2-9　ブロックゲージの構造

図 3-2-10　ブロックゲージセットの例

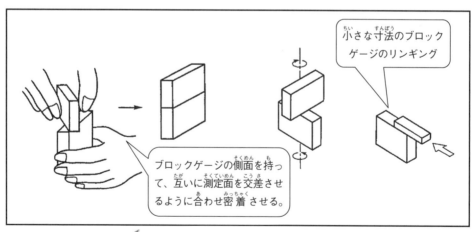

図 3-2-11　ブロックゲージのリンギング

3．比較測定器

(1) ダイヤルゲージ

　　ダイヤルゲージは，機械式コンパレータの代表的な測定器である。寸法のわずかな差を歯車等により拡大し表示する。機械加工の現場では，寸法測定だけでなく，工作機械の精度検査や組立て精度の確認等，様々な場面で使用される極めて汎用性の高い測定器である。図3-2-12にダイヤルゲージとその各部の名称を示す。

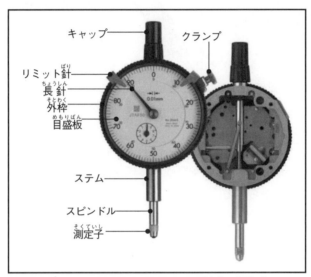

キャップ
クランプ
リミット針
長針
外枠
目盛板
0.01mm
ステム
スピンドル
測定子

図3-2-12　ダイヤルゲージの各部の名称

＜測定上の注意点＞
　　①　スピンドルと測定面が垂直になるように測定子をあてる。
　　②　内部はほこりを嫌うので，むやみに裏ぶたを開けない。
　　③　目盛は正面から見る。

(2) てこ式ダイヤルゲージ

　　てこ式ダイヤルゲージも，前出のダイヤルゲージ同様，機械式コンパレータの一種である。測定子は細長く支点を中心に，てこ状に円弧運動をする。従って，測定範囲はごくわずかであるが，微小な寸法差を読み取るような測定では広く使用されている。図3-2-13に，てこ式ダイヤルゲージとその各部の名称を示す。

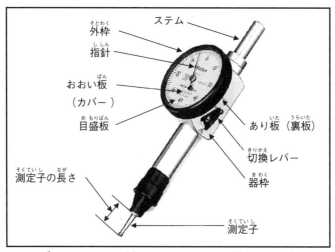

図3-2-13　てこ式ダイヤルゲージの各部の名称

<測定上の注意点>
①　測定子と測定面は，できるだけ平行になるようにする。
②　目盛は正面から見る。

(3)　空気マイクロメータ

　　空気マイクロメータは，工作物の被測定面と対向する測定ヘッドのノズルから圧縮空気を吹き出し，ノズルと工作物の被測定面との隙間の大小によって変化する空気の流出量をとらえて，寸法測定に利用した比較測定器である。流体式コンパレータの一種で，測定ヘッドは，工作物と接触しないため摩耗しないので，常に高い精度を維持することができる。一方で，圧力が精密に調整された圧縮空気を必要とするので，コンプレッサやフィルタ，圧力調整装置等の機器が必要となるため，持ち運んで使うことが困難となる。図3-2-14に空気マイクロメータの構造と各部の名称を示す。

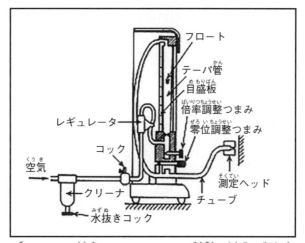

図 3-2-14 空気マイクロメータの構造と各部の名称

<測定上の注意点>
① 注入する圧縮空気は指定された圧力が一定となるようにする。
② ノズルは常に清浄を保つ。
③ 測定面の表面粗さが測定結果に影響を与えるため，基準ゲージは，なるべく工作物の被測定面の表面粗さと同じに仕上げる。

(4) 電気マイクロメータ

電気マイクロメータは，測定子の機械的変位を電気量に変換し，指針の振れとして示す電気式コンパレータである。変換方式により誘導形，抵抗形，容量形などがある。測定場所と指示位置が分離することが可能で，倍率が大きい等の特徴がある。従来は，ほとんどがアナログ式であったが，最近はAD変換器を介在させたデジタル式のものが普及してきている。自動機械に接続して，自動計測や記録，寸法調整等も行うこともできる。

4. 角度測定器
(1) 角度ゲージ

角度ゲージは，寸法測定におけるブロックゲージに相当し，高精度に作られた角度を持つゲージを，単独，またはリンギングして組合わせ，任意の角度を作るものである。一般には，ヨハンソン式とNPL式がある。ヨハンソン式は，49個または85個の板状片（約50×20×1.5mm）からなり，2個の組合せで10度から350度の角度を1〜5秒毎に作ることができる。一方のNPL式は，端面を平坦にラップ加工された，12

から15個のくさび状のブロックから構成されている。これらを適当に組み合わせることにより，1秒または3秒毎に0度から90度近くまでの任意の角度を2～3秒の精度でつくりだすことができる。ヨハンソン式と比較すると，測定面が大きく，少数のブロックで広範囲の角度を作ることができる。

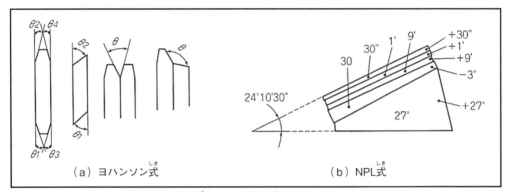

図3-2-15　角度ゲージ

(2)　サインバー

　　サインバーは，本体とその下部の切欠きに接触する2個のローラーからなる測定器で，任意の角度を作り出すために使用される（図3-2-16参照）。呼び寸法であるローラーの中心間距離Lが正確に作られていて，ブロックゲージで得る高さHを変化させることにより，次式によってsinαを求めることができる。

$$sin\alpha = \frac{H}{L}$$

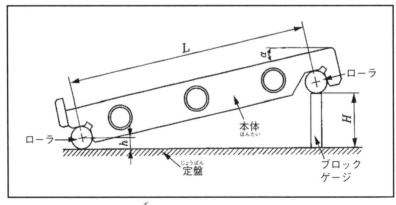

図3-2-16　サインバー

(3) 水準器

水準器は，円弧状のガラス管の中に，気泡を残した液体を封入したもので，気泡が高い位置に移動することを利用した角度測定器である。図 3-2-17 に水準器の一例を示す。値は，気泡の動きをガラス管の目盛りで読み取る。

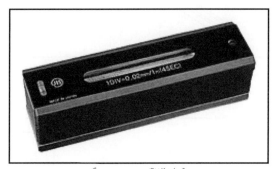

図 3-2-17　水準器

(4) スチールプロトラクタ

スチールプロトラクタは，最も一般的な分度器である（図 3-2-18 参照）。半円状の鋼板に180°の目盛がある。

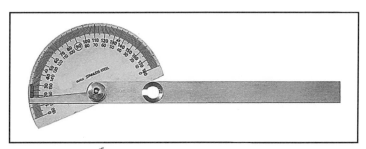

図 3-2-18　スチールプロトラクタ

(5) ベベルプロトラクタ

ベベルプロトラクタは，副尺目盛がついており，5分の単位まで読み取れる（図3-2-19 参照）。副尺目盛は，ノギスと同じ方法で読む。ベベルプロトラクタの測定例を図 3-2-20 に示す。

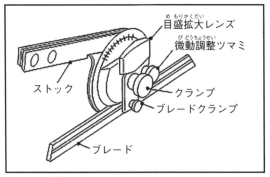

目盛拡大レンズ
微動調整ツマミ
ストック
クランプ
ブレードクランプ
ブレード

図 3-2-19　ベベルプロトラクタ

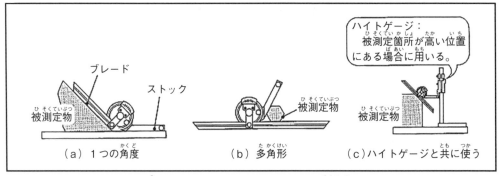

ブレード
ストック
被測定物

ハイトゲージ：
被測定箇所が高い位置
にある場合に用いる。

被測定物

被測定物

（a）1つの角度　　　　（b）多角形　　　　（c）ハイトゲージと共に使う

図 3-2-20　ベベルプロトラクタの測定例

第3節　面と形状の測定法

1. 表面粗さ

　　機械加工をした加工面を拡大してみると，小さな凹凸があることがわかる。これを数値で表したものが表面粗さである。一方，比較的大きい範囲で，規則的に繰り返される高低の変化をうねりと呼んでいる。表面粗さの測定には，主に，感覚による方法，触針法，光波干渉法などがある。

(1) 表面粗さの測定方法

a. 感覚による方法

　　図3-3-1に示すような粗さ標準片と比較し，視覚や触覚で判定する。触覚で調べる場合は，指や爪で触れて凹凸の感覚を比べる。簡易的な方法であるが，場所を選ばず，短時間で判定できるため，広く利用されている方法である。

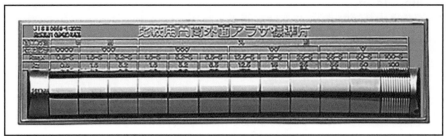

図3-3-1　粗さ標準片

b. 触針法

　　測定したい表面に針先をあてながら走らせ，表面の凹凸による針先の動きを，機械的，光学的，あるいは電気的に検出，拡大し，読み取る方法である。現在では，図3-3-2に示すような表面粗さ計を用いて，電気的に検出する方法が一般的である。

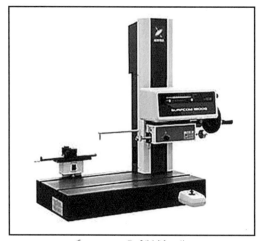

図 3-3-2　表面粗さ計

（引用：㈱東京精密　ホームページ　製品情報　精密測定機器　サーフコム1800Ｇ）

c . 光波干渉法

　　ラップ仕上げ面や超仕上げ面等の，極めて高精度で滑らかな仕上げ面を測定するとき，触針法では測定できない場合がある。このような仕上げ面の粗さを測定するときに光波干渉法を用いる。この方法は，測定対象の広い範囲に光を照射し，光の一部を分離して参照面（ミラー）に照射し，参照面，対象物それぞれの反射光を合成した際に発生する干渉縞によって粗さを算出する。図3-3-3に，光波干渉法を用いた表面粗さ計の一例を示す。

図 3-3-3　光波干渉法を用いた表面粗さ計

（引用：㈱東京精密　Expert!　Tokyo Seimitsu　009第9号　Opt-scope）

(2)　表面粗さの表示方法

　表面粗さ計で検出された凹凸は，所定の処理がなされ，粗さ成分のみを抽出した粗さ曲線を得ることになる。この粗さ曲線は，複雑な波の形をしているので，数値化し，表面粗さとして表示する必要がある。表面粗さの表示方法は，JIS B 0601：2013に規定されているが，広く一般に利用されているのは，算術平均粗さと最大高さ粗さである。

a．算術平均粗さ（Ra）

　算術平均粗さとは，粗さ曲線とその中心線とによって囲まれた面積の合計を，その測定長さ（図3-3-4ではlで）割った値をマイクロメートル（μm）で表したものをいう。算術平均粗さのパラメータはRaを用いる。

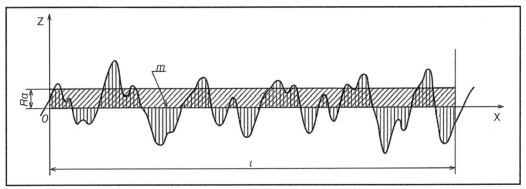

図3-3-4　算術平均粗さ

b．最大高さ粗さ（Rz）

　最大高さ粗さとは，粗さ曲線の山と谷の最大値を求め，マイクロメートル（μm）で表したものである。図3-3-5にその概念図を示す。算術平均粗さと比較して，特別な計算が不要なため，簡単に算出できることが特徴である。

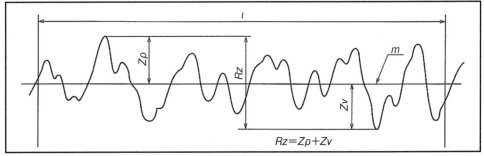

図3-3-5　最大高さ粗さ

2．形状の測定

　機械加工をした工作物は，一見すると大変正確に，そして精密に作られているように見えるが，詳細に調べると様々な狂いが生じている。例えば，平面であるはずの面が，わずかにうねっていたり，直角で交差しているはずの面同士が，わずかに倒れていたりする。このような狂いは，単純な長さだけでなく，形状的な狂いも存在しているので，工作物の品質を保証するためにもしっかりと測定し，管理する必要がある。ここでは，形状の測定について解説する。

(1)　真直度・平面度の測定

　JISでは，真直度について「直線形体の幾何学的に正しい直線からの狂いの大きさ」と定義されている。つまり，いかに真っ直ぐであるかを指定するもので，平面ではなく直線に適用される。従って，長尺物などの反りの許容などに利用される。

　一方の平面度は，JISで「平面形体の幾何学的に正しい平面からの狂いの大きさ」と定義されている。これは，いかに平らかを指定するもので，1つの平面に対して適用される。

　これらの測定には，水準器，直定規，オプティカルフラット，各種コンパレータ，定盤などが用いられる。

(2)　直角度・平行度の測定

　JISでは，直角度について「データム直線，データム平面に対して直角な幾何学的直線または幾何学的平面からの直角であるべき直線形体又は平面形体の狂いの大きさ」と定義されている。ここでデータムとは，基準を表す。つまり，図3-3-6に示すように，基準となる直線や平面に対して，どれだけ直角であるかを指定している。

　平行度は，「データム直線，データム平面に対して平行な幾何学的直線または幾何学的平面からの平行であるべき直線形体又は平面形体の狂いの大きさ」とJISで定義されている。これは基準となる直線あるいは平面と，ある直線あるいは平面が，どれだけ平行かを指定している。図3-3-7は，平面同士の平行度の概念を示している。

　これらの測定には，直角定規や水準器，円筒スコヤ，各種コンパレータが使用される。しかし，工作物や測定箇所により，測定方法が全く異なることもあるので，測定には，正しい知識と十分な準備，創意工夫が欠かせない。

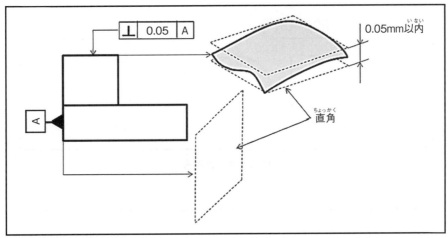

図 3-3-6　直角度

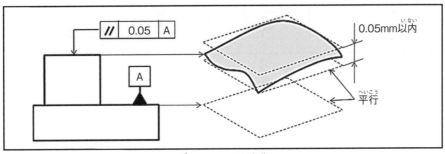

図 3-3-7　平行度

(3)　真円度・円筒度・同心度の測定

　　真円度は，「円形形体の幾何学的に正しい円からの狂いの大きさ」と JIS では定義されている。つまり，図 3-3-8 に示すように，円形状の部分がいかに丸いかを指定している。次に円筒度は，「円筒形体の幾何学的に正しい円筒からの狂いの大きさ」と JIS で定義されている。つまり，図 3-3-9 に示すように，円筒形状がいかに丸くて，真っ直ぐかを指定している。また，同心度は，「データム軸直線又はデータム中心平面に関して互いに対称であるべき形体の対称位置からの狂いの大きさ」と JIS で定義されている。つまり，図 3-3-10 に示すように，2 つの円筒の軸が同軸であること（中心点がずれていないということ）を指定している。

　　これらの測定には，両センタと各種コンパレータ，シリンダーゲージ等が用いられるが，直角度と平行度の測定と同様に，正しい知識と十分な準備，創意工夫が必要である。

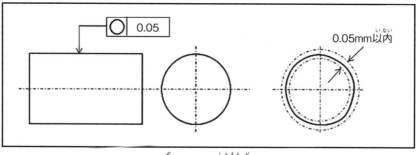

図 3-3-8　真円度

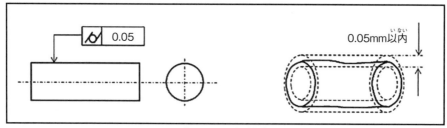

図 3-3-9　円筒度

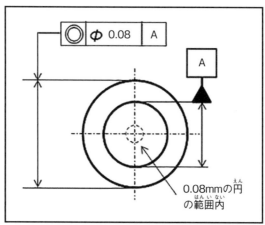

図 3-3-10　同心度

第4節 測定誤差

　同じ測定器で同じ部品を繰り返し測定すると，必ずしも同じ測定値にならず，ばらつくことがある。これは何らかの原因で，測定値に誤差が含まれているからである。このような誤差を総称して，測定誤差と呼んでいる。その原因として考えられるものには，測定者が作業に不慣れであったり，測定器の構造的なものであったり，周囲の環境によるものであったりと様々である。しかし，測定作業の正確さを確保する上で，測定誤差は，極力排除すべきものである。ここでは，測定誤差の主な原因と対策について述べる。

1. 測定誤差の種類

　測定誤差は，特定の原因によって測定結果に「かたより」を与える系統誤差と，測定時の偶然がもたらす偶然誤差に大別できる。系統誤差の原因として考えられるのは，測定器の個体差によるものや周囲の温度，測定者の癖等である。つまり系統誤差は，原因を突き止め，対策を講じれば排除が可能な測定誤差である。一方の偶然誤差は，測定結果に「ばらつき」を与えるが，偶然がもたらす測定誤差であるので，原因が突き止められず，排除が困難である。従って，測定作業は，系統誤差を徹底的に排除してから行うことが大切であることがわかる。

2. 系統誤差

　系統誤差は，図3-4-1に示すように，測定器が持つ誤差，視差，温度，測定器の構造，長物のたわみ等があげられる。

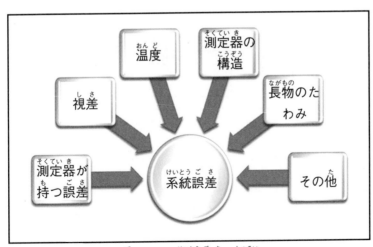

図3-4-1　系統誤差の種類

(1) 測定器が持つ誤差

　たとえ測定器であっても，工業製品であり，製作される際は許容公差が存在し，わずかではあるものの「ばらつき」がある。これが原因となり，測定値に誤差を与えることがある。また，同じ測定器を使い続けることで，摩耗や消耗，劣化などにより，測定値に誤差が生じることがある。このような測定器自身が持つ固有の誤差を器差という。器差は下記の式で求められる。

$$器差＝測定器の読み－真の値$$

<対策>
①　測定器毎の器差を明確にし，要求された寸法精度に適した測定器を選定する。
②　測定器は大切に扱い，常に最良の状態となるようにする。
③　測定器は定期的に検査・校正を行う。
④　摩耗・劣化が進んだ測定器は使用しない。

(2) 視差による誤差

　視差とは，測定器の目盛りを読む際に，測定者の目の位置が適切でないために生じる誤差である（図3-4-2参照）。

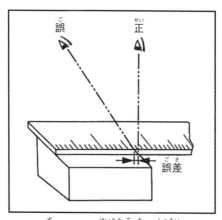

図3-4-2　系統誤差の種類

<対策>
①　目盛りを読む際の目の位置は，目盛り板に対し正面となるようにする。
②　ダイヤルゲージのような指針を持つ測定器には，目盛り板の下に鏡を置いて，指針と指針の像が一致する位置で目盛りを読む。
③　デジタルカウンタのような数値が直接表示される測定器を使用する。

(3) 温度の影響による誤差

　全ての物質は，温度の変化により膨張・収縮する。これを熱膨張と呼び，その度合いは，物質の材質によって異なる。例えば，長さ1mの鋼の棒は，温度が1℃変化すると長さが0.0115mm変化する。0.01mm程度の変化ではあるが，精密な機械加工を行う際は，大きな問題となることは明らかである。また，熱膨張は，測定物だけでなく，測定器自身も温度の変化によって生じる。このため，手に持って使用する測定器等では，体温によって熱膨張が生じ，測定誤差の原因となることがあることを考慮しなければならない。

　温度の変化による影響を最小限にするために，JIS Z8703では，標準状態の温度（20℃，23℃，25℃のいずれか）を定めている。

　＜対策＞
　① 機械加工中や加工直後の工作物は，加工中に発生する熱を帯びていることがあるため，決められた温度まで下がってから測定を行う。
　② 測定器と測定物が同じ温度となるように考慮する。
　③ 特に精密な測定の場合は，標準状態の温度に保たれた恒温室で行う。
　④ 手に持って使用する測定器の場合は，ゴムやプラスチック等で包み，手袋を使用するなどして，体温の影響を受けにくくする。

(4) 測定器の構造による誤差

a．アッベの原理

　アッベの原理は，寸法を測定する際の精度に関わる原理で，「測定精度を高めるためには，工作物と測定器の目盛りを測定方向の同一線上に配置しなければならない」というものである。外側マイクロメータとノギスで考えてみると，外側マイクロメータの場合，図3-4-3に示すように，目盛りと工作物の測定の位置が同一線上にある。一方ノギスは，図3-4-4に示すように，目盛りと測定位置が離れていることがわかる。このような場合，「外側マイクロメータはアッベの原理に従う」と言い，ノギスよりも測定精度は高いとことがわかる。

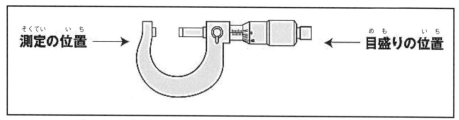

図 3-4-3　外側マイクロメータの測定の位置と目盛りの位置

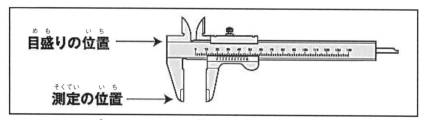

図 3-4-4　ノギスの測定の位置と目盛りの位置

b．測定力による影響

　　ノギスで寸法測定を行う時は，工作物と測定器を接触させ，しっかりと挟むために ある程度の力を加えてから目盛りを読む。この時の挟む力を測定力と呼ぶ。しかし，この測定力を大きくしすぎると，工作物や測定器が弾性変形を生じ，得られる値も変化して，誤差となって測定値に現れる。従って，測定力は常に一定を保ち，必要であれば図 3-4-5 に示すような定圧装置を備えた測定器を用いる。または，精度の高い測定では，測定力をできるだけ小さくするか，非接触式の測定器を利用する。

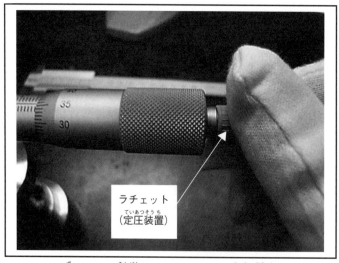

ラチェット
(定圧装置)

図 3-4-5　外側マイクロメータの定圧装置

c．接触誤差

接触誤差とは，測定器の工作物と接触する部分（測定子）の形状が，図3-4-6に示すように，被測定面に対して適当でない場合等で生じる誤差である。測定子が摩耗したり，損傷したりしても生じる。

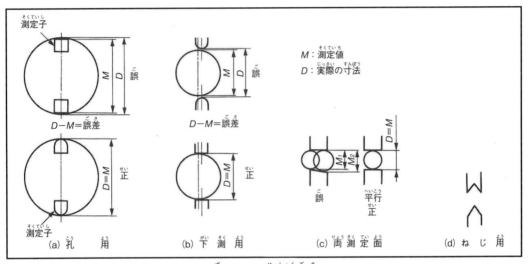

図3-4-6　接触誤差

(5)　長物のたわみによる誤差

細長い棒状の工作物の場合，定盤のような平らな面に置くと，定盤の形状誤差で不規則に変形してしまう。これを防ぐために，2点で支えるのが一般であるが，長物は自重によってたわみを生じ，その全長を測定するときは正しい測定ができなくなる。そこで，支点の位置により異なるたわみの形状から，最も使用目的に適したもの選ぶ必要がある。

長物を2点で支持した時に，自重によりたわんでも，両端面が軸線に対し垂直かつ平行な支持点をエアリー点という。また，全長誤差が最も小さくなる支持点をベッセル点という（図3-4-7参照）。

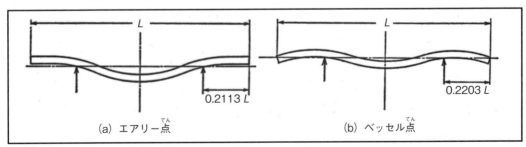

図3-4-7　エアリー点とベッセル点

第3章　確認問題

以下の問題について，正しい場合は○，間違っている場合は×で解答しなさい。

（1）　ノギスは，深さも測ることができる。

（2）　マイクロメータで，0.001mm 単位の正確に測定もできる。

（3）　スケールやノギスなどの目盛は，斜め方向から読むと測りやすい。

（4）　外側マイクロメータでの寸法測定の際，測定力が大きすぎると測定値は小さくなる。

（5）　ダイヤルゲージは，比較測定器である。

（6）　ノギスは，アッベの原理に従う。

（7）　外側マイクロメータのフレームを直接素手で長時間触れていると，フレームが膨張して，正しい測定値より大きく読み取れる。

（8）　水準器は，角度の測定ができる。

（9）　ブロックゲージは，必ず単体で使用し，任意の寸法を作り出すことはできない。

（10）　直接測定とは，ノギスやマイクロメータ等で実際の寸法を測定することである。

第 3 章　確認問題の解答と解説

（1）　○

（2）　×　（理由：一般的なマイクロメータの目盛りは0.01mm であり, 0.001mm 単位は目分量 での読みとなるため。）

（3）　×　（理由）：測定器などの目盛りは, 正面から読むこと。）

（4）　○

（5）　○

（6）　×　（理由：アッベの原理に従う測定器は, 工作物と測定器の目盛りを測定方向の同一線上 に配置されているものであるが, ノギスは同一線上 に配置されない。）

（7）　×　（理由：フレームが膨張すると, 測定面間が広がり, 測定結果は正しい寸法値よりも小さく読み取れる。）

（8）　○

（9）　×　（理由：ブロックゲージは, リンギングを行うことで, 任意の寸法を作り出すことができる。）

（10）　○

第4章　旋盤加工

第1節　旋盤加工の特徴

1.　旋盤でできる加工作業

　旋盤では，加工物が回転体であれば，円筒外面・円筒内面・端面の切削，突切り，穴あけ，ねじ切りなどの加工ができる（図4-1-1参照）。

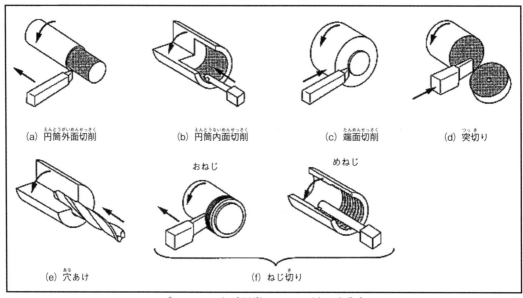

(a) 円筒外面切削　　(b) 円筒内面切削　　(c) 端面切削　　(d) 突切り

(e) 穴あけ　　　　　　(f) ねじ切り

図4-1-1　普通旋盤でできる主な作業

2.　旋盤で使う刃物

　普通旋盤に使われる刃物は，バイトが主体で，ドリルやタップ，リーマなどがある（図4-1-2参照）。

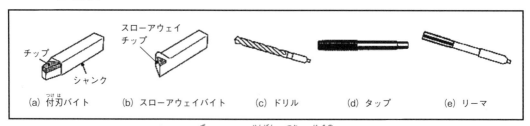

チップ　スローアウェイチップ　シャンク

(a) 付刃バイト　(b) スローアウェイバイト　(c) ドリル　(d) タップ　(e) リーマ

図4-1-2　旋盤で使う刃物

第2節　旋盤の構造

　普通旋盤は，ベッド，主軸台，心押台，往復台・刃物台及び送り装置からなっている（図4-2-1参照）。普通旋盤の大きさの表示は，取り付けることできる最大の工作物の寸法（mm）で表示される。ベッド上のスイング（工作物の最大直径である振り），両センタ間の最大距離（工作物の最大長さ）及び往復台上のスイングの3箇所の寸法を mm で表す。

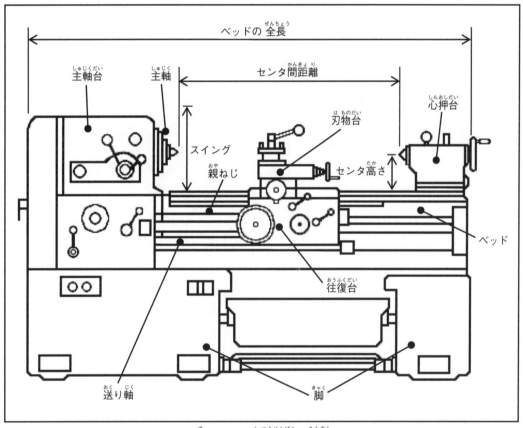

図 4-2-1　普通旋盤の構造

【2級関係】

1．ベッド

　ベッドは主軸台，心押台，往復台等を支えている。ベッドは機械の基準面となる部分であるので，正確さ，剛性，耐磨耗性等が要求される。
　ベッドは形状によって，英式と米式がある。英式は上面が平面，米式は山形になっている（図4-2-2参照）。

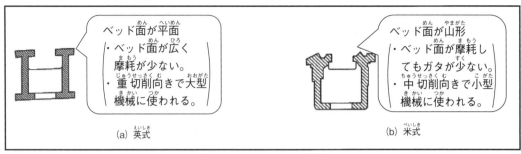

ベッド面が平面
・ベッド面が広く
摩耗が少ない。
・重切削向きで大型
機械に使われる。

(a) 英式

ベッド面が山形
・ベッド面が摩耗し
てもガタが少ない。
・中切削向きで小型
機械に使われる。

(b) 米式

図 4-2-2　ベッドの構造

2. 主軸台

(1) 主軸台

スピンドル（主軸）を支える部分を主軸台という。スピンドルの先端には，加工物を支える取付具としてチャック，センタなどがある。

スピンドルを回転させるには，図4-2-3に示すように，原動機（モーター）とスピンドルを歯車で連結する歯車式が用いられている。

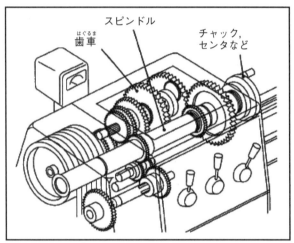

スピンドル

歯車

チャック,
センタなど

図 4-2-3　歯車式の主軸台

(2) 取付具

a. チャック

加工物を取り付ける部分をチャックという（図4-2-4 参照）。チャックには数個のつめがあり，単動チャック，連動チャック，コレットチャックなどの種類がある。加工物はチャックハンドルで締め付ける。

各つめが単独に動くものを単動チャックという。（4つ爪が一般的）各つめをそれぞれ動かすことができるので，複雑な加工物を取付けることができる（図4-2-4(a) 参照）。

各つめが連動して動くものを連動チャックという。（3つ爪が一般的）一箇所のねじ部を回すと全てのつめが連動して動くので，丸材や六角材を取付けるのに適している（図4-2-4(b) 参照）。

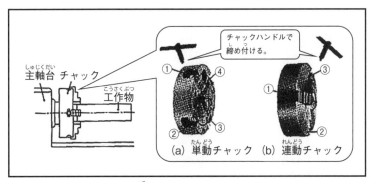

図 4-2-4　チャック

b．センタ

　　センタは，工作物の中心を支え，工作物が振れないようにする。代表的なセンタとして標準型センタと回転センタがある。標準形センタ（図 4-2-5(a) 参照 ）は，スピンドルに取付けて回りセンタとして使う時と，心押軸に取り付けて，止まりセンタとして使う場合がある。回転センタ（図 4-2-5(b) 参照 ）は，高速回転の時，摩擦熱でセンタ穴が焼き付くのを防ぐため，心押軸に取り付けて使う。

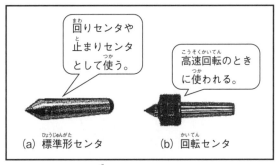

図 4-2-5　センタ

3．心押台

　　心押台は，図 4-2-6 に示すようなもので，ベッドの右側に配置され，次のような機能を持っている。

①　センタを取付けて工作物を支える。

②　ドリルを取付けて穴あけ作業を行う。

③　タップを取付けてねじ立て作業

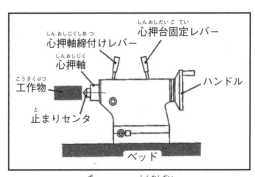

図 4-2-6　心押台

を行う。

④　心押台を前後にずらすとテーパ削りも可能である。

　心押台を使うときは，ベッド上をすべらせて，工作物の長さに合わせて位置を決め固定する。

4.　往復台

　往復台は，主軸台と心押台の中間にあって，刃物台，サドル及びエプロンからなっている（図4-2-7参照）。

　刃物台・サドル・エプロン及び各ハンドルレバーの機能は次のとおりである。

①　刃物台は，サドルの上にあり，バイトが取り付けられる。

②　サドルは，ベッド上を左右に滑らせる。

③　エプロンは，サドルからたれて，親ねじや送り軸，クラッチ軸を囲んでいる。送り装置ともいう。

④　刃物台送りハンドルは，刃物台を左右に送る。

⑤　縦送りハンドルは，往復台（エプロン）をベッドに対して平行に送る。

⑥　横送りハンドルは，刃物台をベッドに対して直角（前後）に送る。

⑦　主軸起動レバーは，スピンドルの回転を正転又は逆転に切り換える。

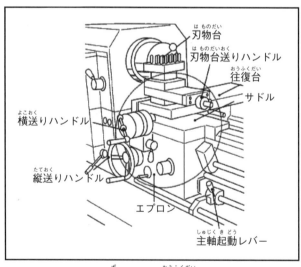

図4-2-7　往復台

第3節　旋盤用切削工具の種類及び取付け作業

1. 切削工具

旋盤用の切削工具には，バイト，ドリル，タップ，リーマ等がある。

(1) バイト

バイトは，シャンクと刃部で構成されている。シャンクは刃物台に締め付けられる部分である。刃部は直接切削する部分である。

バイトは，刃部の構造・材質・機能及び形状によって用途が異なる（図4-3-10参照）。

a. バイトの構造による分類

① むくバイト（完成バイト）

むくバイトは刃部とシャンクの材質が同じである。刃部の刃先はグラインダーで作って使用する（図4-3-1参照）。

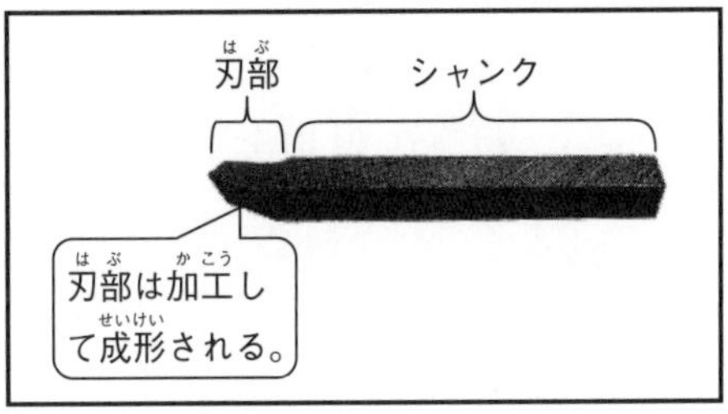

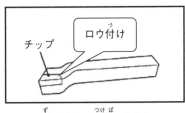

図4-3-1　むくバイト

② 付刃バイト

付刃バイトは高速度鋼や超硬チップがシャンクにロウ付けされている。外周，内面，端面削り，ねじ切りに使われる（図4-3-2参照）。

図4-3-2　付刃バイト

③ スローアウェイバイト

スローアウェイバイトは，チップにスローアウェイチップを用いたクランプバイトである。一つのコーナの切れ刃が切れなくなったら次の刃に組替える。また，全ての切れ刃を使い終わったら，刃は再研磨せず使い捨てる。チップの形は四角及び三角，切れ刃は表裏で8面と6面になっている。チップは超硬合金が多く使われている（図4-3-3参照）。

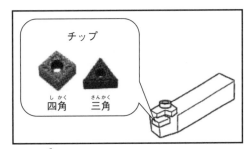

図4-3-3　スローアウェイバイト

b．バイトの形状による分類

① 剣バイト

真剣バイトや斜剣バイトがあり，円筒の外周面を削るのに適している。主に荒仕上げに使われる。刃先の形状が直線状と丸状の二種類がある（図4-3-4参照）。

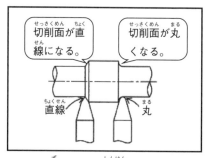

図4-3-4 真剣バイト

② 片刃バイト

片刃バイトは，端面や段付きの側面を削るのに適している。右向きと左向きの二種類がある（図4-3-5参照）。

③ 平バイト

円筒外周面を平らに削るには平削りバイトが適している。また，仕上げ削りをするにはヘール仕上げバイトを使用する（図4-3-6参照）。

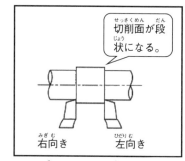

図4-3-5 片刃バイト

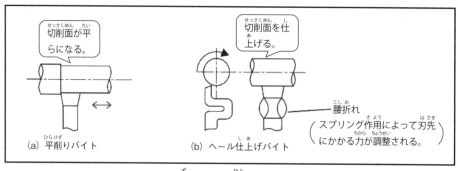

図4-3-6 平バイト

④ 突切りバイト

突切りバイトは，突切りやみぞ切りに使用する（図4-3-7参照）。

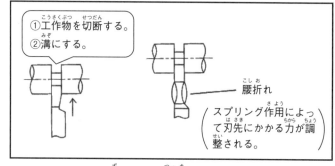

図4-3-7 突切りバイト

⑤ **穴ぐりバイト**

　穴ぐりバイトは，円筒の内面を削るのに
適している（図4-3-8参照）。

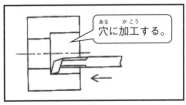

図4-3-8　穴ぐりバイト

⑥ **ねじ切りバイト**

　ねじ切りバイトはねじを切る時に使用す
る。円筒外周面か内面かによっておねじ
用，めねじ用がある。刃先はねじ山の角度になっている（図4-3-9参照）。

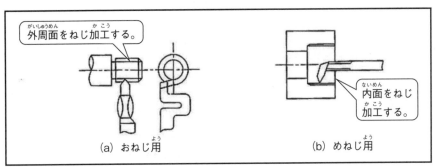

(a) おねじ用　　　　　　　　(b) めねじ用

図4-3-9　ねじ切りバイト

＜参考＞バイトの形状と切削箇所：

　次にそれぞれのバイトの形状と切削箇所の違いを図4-3-10に示す。

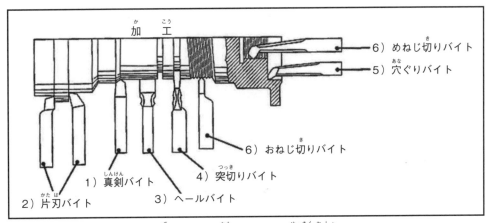

図4-3-10　主なバイトと切削箇所

c．バイトの材質と特徴

バイトの材質の違いによる特徴を表4-3-1に示す。

表4-3-1 バイトの材質と特徴

種類	主成分	特徴
炭素工具鋼	炭素鋼	刃先をいろいろな形状に研削できる
高速度鋼 （ハイス）	特殊鋼	1．高温切削に強い 2．高速切削ができる 3．衝撃に強い
超硬合金	炭化タングステン	1．高温切削ができる 2．高速度鋼より切削速度を速くすることができる
サーメット合金	チタン化合物	1．鋼材の高速切削ができる 2．仕上げ面がきれい 3．鋳鉄の荒削りには不向き
セラミック	酸化アルミニウム	1．高温切削できる 2．高速切削に優れている（鋳鉄の高速軽切削向き） 3．衝撃に弱く，取り扱い要注意
超高圧焼結体	CBNの粉末 人造ダイヤモンド	1．硬質鋳物，焼入鋼，耐熱合金等の切削向き 2．非鉄金属，非金属の加工向き
ダイヤモンド	ダイヤモンド	1．硬度が最も高い 2．貴金属の精密切削向き 3．もろい

以下に，各種切削用超硬質工具材料の分類（引用：JIS B4053　表5）を表4-3-2に示す。

表4-3-2　各種切削用超硬質工具材料の分類

識別記号	識別色	被削材	使用分類記号	切削条件：高速 工具材料 高耐摩耗性	切削条件：高送り 工具材料 高じん(靱)性
P	青色	鋼 : 鋼，鋳鋼（オーステナイト系ステンレスを除く）	P01　P05　P10 P15　P20　P25 P30　P35　P40 P45　P50	↑	↓
M	黄色	ステンレス鋼 : オーステナイト系，オーステナイト／フェライト系, ステンレス鋳鋼	M01　M05　M10 M15　M20　M25 M30　M35　M40	↑	↓
K	赤色	鋳鉄 : ねずみ鋳鉄，可鍛鋳鉄 球状黒鉛鋳鉄	K01　K05　K10 K15　K20　K25 K30　K35　K40	↑	↓
N	緑色	非鉄金属 : アルミニウム，その他の非鉄金属，非金属材料	N01　N05　N10 N15　N20　N25 N30	↑	↓
S	茶色	耐熱合金・チタン : 鉄，ニッケル，コバルト基耐熱合金，チタン及びチタン合金	S01　S05　S10 S15　S20　S25 S30	↑	↓
H	灰色	高硬度材料 : 高硬度鋼，高硬度鋳鉄，チルド鋳鉄	H01　H05　H10 H15　H20　H25 H30	↑	↓

注：使用分類の矢印の方向となるほど切削条件については高速又は高送り，工具材料については高耐摩耗性又は高じん（靱）性となることを示す。

d. バイト各部の名称と刃先角度

① バイトの各部の名称

バイトの各部の名称を図4-3-11に示す。すくい面, 切れ刃, 逃げ面等からなる。

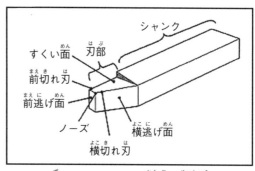

図4-3-11 バイト各部の名称

<各部の機能>

・すくい面……切りくずがすべる面である。

・逃げ面………工作物に向かい合う面である。横逃げ面と, 前逃げ面がある。

・切れ刃………工作物を削り取る刃の部分である（横切れ刃, 前切れ刃等）。

・ノーズ………横切れ刃と前切れ刃を結ぶ角の部分で適当なRが付けてある。面と丸形がある。

② バイトの刃先角度

バイトの刃先角度は, バイトの強さや切れ味に影響する。バイトの刃先角度の呼び方を図4-3-12に示す（バイトのシャンクを基準にする場合）。

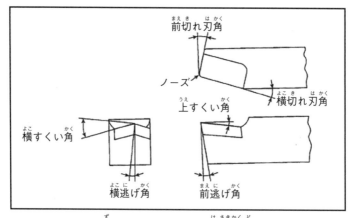

図4-3-12 バイトの刃先角度

<角度と切削状況の関係>

・上すくい角…上すくい角が大きいと切れ味はよくなるが刃先が弱くなる。重切削や断続切削する場合, 衝撃に強くするため角度をマイナス（−）とする。

・横すくい角…横すくい角が大きいと切れ味はよくなるが, 刃先の磨耗が早くなる（加工しやすい材料に対しては, すくい角を大きくする。）。荒削

りや，断続切削などの重切削を行う場合は，マイナス角とする。

・逃げ角………やわらかい加工物の場合は，逃げ角を大きくする。大きすぎると，刃先が弱くなり，寿命が短くなる。

・前切れ刃角…切削面と刃先の磨耗をふせぐために角度を付ける。角度が大きすぎると刃が弱くなり，仕上げ面が悪くなる。

・横切れ刃角…切れ刃作用長さ，切削力の分力等に大きく影響する。荒削りには刃角を大きく，仕上げ削りには小さくする。

・ノーズ半径…大きくとれば，刃先は強くなる。

e．バイトの大きさの表し方

　　バイトは，形状によって図4-3-13のように表す。

＜シャンクの断面の形状を規準にした場合の表示＞

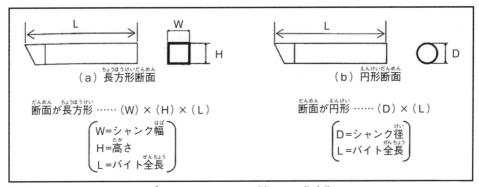

図4-3-13　バイトの大きさの表示

f．スローアウェイチップ

　　スローアウェイチップは以下のように，呼び記号の構成及び配列順序が「JIS B4120 表1」で規定されている。

① 形状記号（表4-3-3参照）　　　例：T　三角形60°
② 逃げ角記号　　　　　　　　　　例：P　逃げ角11°
③ 等級記号　　　　　　　　　　　例：G　コーナ高さ±0.025
　　　　　　　　　　　　　　　　　　　　厚み許容差±0.13
　　　　　　　　　　　　　　　　　　　　内接円許容差±0.025
④ 溝・穴記号　　　　　　　　　　例：N　穴なし
⑤ 切れ刃長さ又は内接円記号　　　例：16　内接円直径9.525mm
⑥ 厚さ記号　　　　　　　　　　　例：03　厚さ3.18mm
⑦ コーナ記号　　　　　　　　　　例：08　コーナ半径0.8mm
⑧ 主切れ刃の状態記号　　　　　　例：E　丸切れ刃

⑨　勝手記号　　　　　　　　　　例：N　勝手なし
⑩　補足記号　　　　　　　　　　例：LC

※補足記号は，製造業者がチップブレーカの種類などの区別のために一文字又は二文字を追加できる。ただし，この場合には－（ダッシュ）を置いて区別する。

上記の①〜⑩の例を適用すると

　　T　P　G　N　16　03　08　E　N　－LC
　　①　②　③　④　⑤　⑥　⑦　⑧　⑨　　⑩

刃先交換チップの形状記号（引用：JIS B4120　表2）を表4-3-3に示す。

表4-3-3　刃先交換チップの形状記号

種類		記号	形状	刃先角 $\varepsilon\gamma$	図形
等辺	正多角形	H	正六角形	120°	
		O	正八角形	135°	
		P	正五角形	108°	
		S	正方形	90°	
		T	正三角形	60°	
	ひし形及び等辺不等角形	C	ひし形	80° a)	
		D		55° a)	
		E		75° a)	
		M		86° a)	
		V		35° a)	
		W	六角形	80° a)	
不等辺	長方形	L	長方形	90°	
	平行四辺形	A	平行四辺形	85° a)	
		B		82° a)	
		K		55° a)	
円形		R	円形	―	

注 a)　刃先角は，小さい方の角度をいう。

⑵　ドリル

　ドリルは，穴あけをする工具で，主にボール盤で使われるほか，旋盤用補助切削工具として，使われることも多い。ドリルは，丸棒にねじれみぞを切られ，先端に切刃がある。材質は，炭素工具鋼・合金工具鋼・高速度鋼（ハイス）・超硬合金等を使った物がある。また，きりと呼ばれることもある。

a．ドリルのシャンクによる分類

　ドリルのシャンクは，ストレートシャンクとテーパシャンクとがある。

⒜　ストレートシャンク

　ストレートシャンクは一般的に径が13mm以下の小径ドリルである。ドリルチャックに取り付けて使用する（図4-3-14参照）。

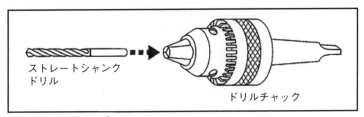

図4-3-14　ストレートシャンク

⒝　テーパシャンク（モールステーパ）

　テーパシャンクは一般的に8mm～75mmの大径のドリルである。スリーブやソケットなどでスピンドルのテーパ穴に取り付けて使用する（図4-3-15参照）。

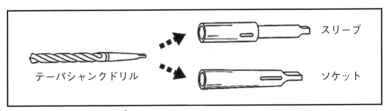

図4-3-15　テーパーシャンク

b．主なドリルの種類

⒜　ねじれ刃ドリル

　通し穴や止まり穴をあける時に用いる。下穴をひろげる時も利用する。右ねじれが一般的（図4-3-16参照）。

図4-3-16　ねじれ刃ドリル

(b) フラットドリル

刃部が板状の直刃ドリル（図4-3-17参照）。

図4-3-17　フラットドリル

(c) センタ穴ドリル

センタの穴あけや，穴の位置の精度が必要なときに使う（図4-3-18参照）。

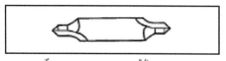

図4-3-18　センタ穴ドリル

(d) 段付きドリル

二つ以上の直径をもち，段になっているドリル。段付き穴又は穴あけ及び面取りを同時に加工する場合に用いる（図4-3-19参照）。

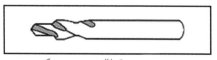

図4-3-19　段付きドリル

(e) ガンドリル

ドリルの刃先にV型のみぞがある。圧力油を切刃の先端に送るとVみぞから切くずが出される。1m以上の深穴を，真っ直ぐ加工できる（図4-3-20参照）。

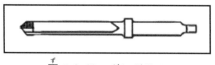

図4-3-20　ガンドリル

(f) 油穴付きドリル

ドリルのボディに油穴がある。切削油により切れ刃が冷やされ，切くずが外に出される。深穴加工に使う（図4-3-21参照）。

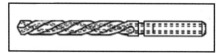

図4-3-21　油穴付きドリル

c．ドリル各部の名称

(a) ドリル各部の名称

ドリルの各部の名称を図4-3-22に示す。

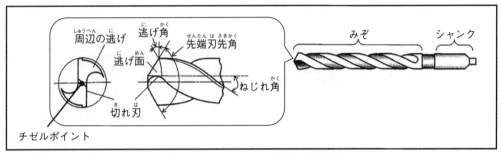

図4-3-22　ドリルの各部の名称

(b) ドリルの刃先角（図4-3-22参照）

ドリルの切れ味は，刃先角や逃げ，シンニング（(d)参照）等によって大きく影響する。

・先端刃先角……先端刃先角は，ドリルの切れ味を左右する。標準の角度は118°である。刃先角度は左右同じにしなければならない。

＜参考＞刃先例：

① 硬い工作物の刃先角度………130〜140°くらい大きくする。

② 軟らかい工作物の刃先角度…60°くらいまで小さくする。

・ねじれ角………ねじれ角は20〜30°である。ねじれ角が，大きくなると切れ味はよくなるが，弱くなり折れやすくなる。

(c) 逃げ

逃げ面は工作物に向かい合う面である。ドリルには，周辺の逃げ，切刃の逃げ及び長手の逃げの3つがある。逃げの大きさによって，切れ味が異なり，折れ易くなったりする。

・周辺の逃げ……バイトの前逃げ角に相当し，切落としてある。

・切刃の逃げ角…バイトの切れ刃角に相当し，切刃が当たらないようになっている。先端の線になる部分をチゼルという。

・長手の逃げ……ドリルの側面が穴加工した面に当たらないようシャンク側をわずかに細くしてある。

— 119 —

(d) シンニング

シンニングとは，切れ刃先端の，線になっているチゼル部分を，研磨して切れ刃になるように，薄くすることである（図4-3-23参照）。ドリルの切れ味をよくするため行う。

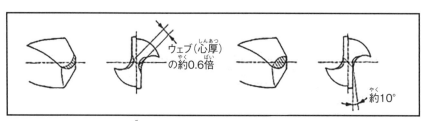

図4-3-23　ドリルのシンニング

(3)　タップ

タップ（図4-3-24参照）は，ドリルなどであけた下穴に，ねじ立てする工具であり，材質は，合金工具鋼，高速度鋼や超硬合金が用いられている。

a．主なタップの種類

(a) ハンドタップ（等径手回しタップ）

ハンドタップは手作業及び機械作業でねじ加工に広く使用されている。ハンドタップのうち等径タップは一般に食付き部の山数によって先・中・仕上げのタップに分類される（図4-3-24参照）。

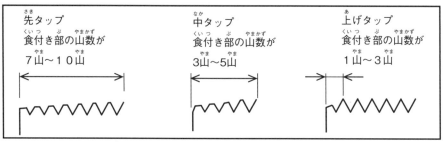

図4-3-24　等径ハンドタップの食いつき部

(b) マシンタップ

マシンタップは，貫通穴にねじ立てをするときに使われる。食付き部が長く，柄も長く作られている（図4-3-25参照）。

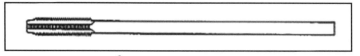

図4-3-25　マシンタップ

b．タップ各部の名称

タップ各部の名称を図4-3-26に示す。

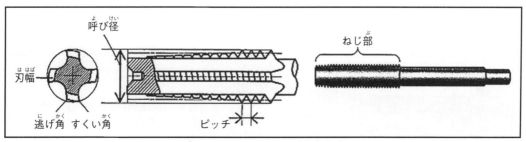

図4-3-26　タップの各部名称

(4) リーマ

リーマは，穴の内面を0.05mm〜0.5mm削り，穴の内面を滑らかにし，穴径寸法を正確に仕上げるときに使われる。材質は，合金工具鋼，高速度鋼や超硬合金が使用されている（図4-3-27参照）。

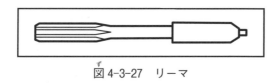

図4-3-27　リーマ

2. 切削工具の取付け方
(1) バイトの取付け方

　バイトの刃先の高さは，バイトを刃物台にのせたとき主軸の中心より低くなるように作られている。このことを考えにいれて，次の手順で取付ける。

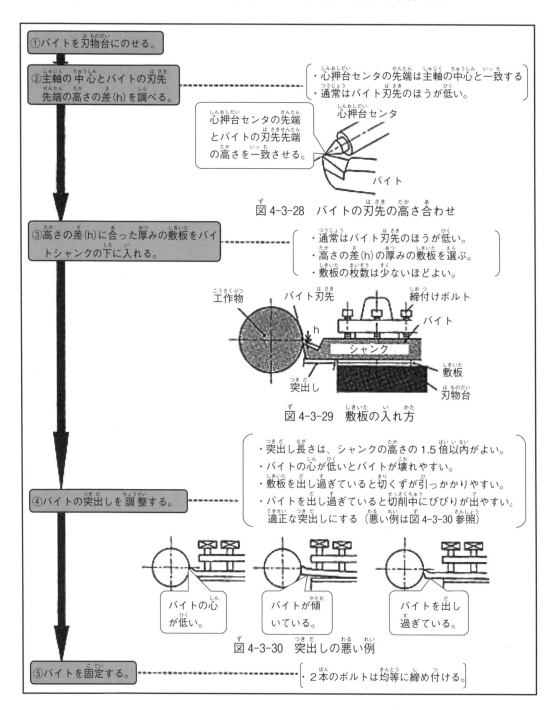

① バイトを刃物台にのせる。

② 主軸の中心とバイトの刃先先端の高さの差(h)を調べる。
・心押台センタの先端は主軸の中心と一致する
・通常はバイト刃先のほうが低い。

　心押台センタの先端とバイトの刃先先端の高さを一致させる。

心押台センタ

心押台センタの先端
とバイトの刃先先端
の高さを一致させる。

バイト

図 4-3-28　バイトの刃先の高さ合わせ

③ 高さの差(h)に合った厚みの敷板をバイトシャンクの下に入れる。
・通常はバイト刃先のほうが低い。
・高さの差(h)の厚みの敷板を選ぶ。
・敷板の枚数は少ないほどよい。

工作物　　バイト刃先　　締付けボルト

バイト

シャンク

敷板

突出し　　刃物台

図 4-3-29　敷板の入れ方

④ バイトの突出しを調整する。
・突出し長さは，シャンクの高さの 1.5 倍以内がよい。
・バイトの心が低いとバイトが壊れやすい。
・敷板を出し過ぎていると切くずが引っかかりやすい。
・バイトを出し過ぎていると切削中にびびりが出やすい。
　適正な突出しにする（悪い例は図 4-3-30 参照）

バイトの心
が低い。

バイトが傾
いている。

バイトを出し
過ぎている。

図 4-3-30　突出しの悪い例

⑤ バイトを固定する。
・2本のボルトは均等に締め付ける。

⑵ ドリルの取付け方と抜き方

旋盤で穴あけ加工する時はドリルを切削工具（刃物）として使う。ドリルはドリルチャックやスリーブによって心押台の心押し軸に取付けられる。

a．センタ穴ドリル及びストレートシャンクドリルの取付け

ドリルチャックを使う（図4-3-31参照）。

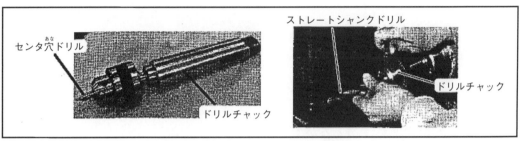

図4-3-31　ドリルチャックへの取付け

b．テーパシャンクドリルの取付け

直接の場合とスリーブを使う場合がある（図4-3-32参照）。

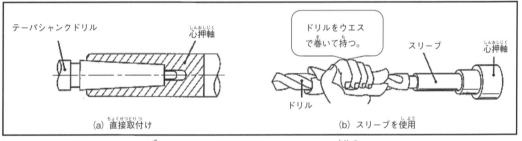

(a) 直接取付け　　　　　　　　(b) スリーブを使用

図4-3-32　テーパシャンクドリルの取付け

c．テーパシャンクドリルの抜き方

ドリルを手前にして，スリーブを持って，ドリル抜きの頭をハンマーで軽くたたきながら抜く（図4-3-33参照）。

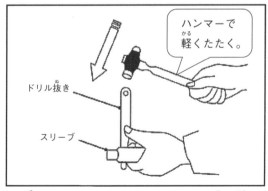

図4-3-33　テーパシャンクドリルの抜き方

第4節　切削加工

1. 始業点検

　旋盤作業を始めるときは, まず, 旋盤が正常に動くかどうかをチェックする。チェックは次の手順で行う

＜手順1＞旋盤自体の整備はされているか？

・旋盤の外観, 器工具の置き忘れ・散乱, 旋盤周辺の整理・清掃等についてチェックする。

＜手順2＞潤滑油が十分あるか？

・旋盤の潤滑油の油量についてチェックする（図4-4-1参照）。

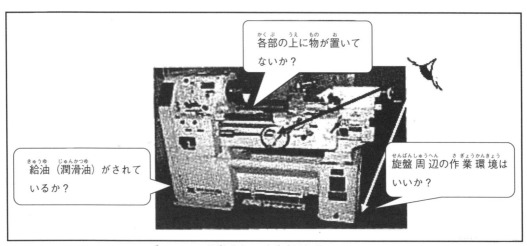

各部の上に物が置いてないか？

給油（潤滑油）がされているか？

旋盤周辺の作業環境はいいか？

図4-4-1　旋盤自体と作業環境のチェック

＜手順3＞電源スイッチをOFFの状態で, 可動部分が正常に動くか？

①　心押台の動き・固定状況, 心押軸の動きを確認する（図4-4-2参照）。

②　3つの送りハンドル（縦送りハンドル, 横送りハンドル, 刃物台送りハンドル）を手で動かしてみて動作等を確認する（図4-4-3参照）。

③　電源スイッチ（押しボタン）の動作を確認する（非常停止できるか？）（図4-4-4参照）。

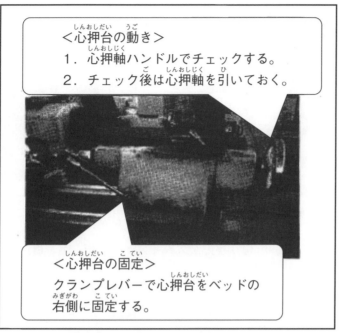

図4-4-2　心押台の固定位置チェック

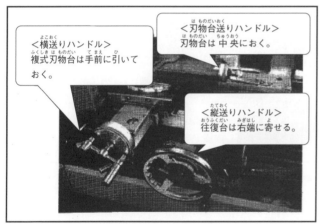

図4-4-3　送りハンドル

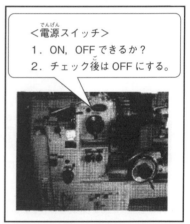

図4-4-4　電源スイッチのチェック

＜手順4＞電源スイッチをONの状態で，可動部分の動きをチェックする。

①　回転速度変速レバーの切り換えがスムーズか？（最低の回転速度に入れる。図4-4-5参照）

　　　（注意：主軸の回転速度を変えるときは，主軸が停止してから行うこと）

②　主軸起動レバーで「始動」または「停止」できるか？（図4-4-6参照）

　　　（注：自動送りレバーを中立にしてから，主軸を停止させること。）

図 4-4-5　主軸回転速度変速レバー

図 4-4-6　主軸起動レバー

③　送り切替えレバーを切り換えがスムーズか？種類（縦・横），速度，方向等（図4-4-7参照）

図 4-4-7　送り切換えレバー

2.　工作物の取付け

　　旋盤で切削加工するとき，工作物はチャックやセンタにバランスよく，又，バイトは刃物台にしっかりと取付けなければならない。工作物をチャックに取付けることをチャッキングという。

(1)　単動チャック（四つ爪）の場合のチャッキング

　　単動チャックは，爪を1つ1つ動かして心出ししていく。その手順を次に示す（図4-4-8，図4-4-9，図4-4-10，図4-4-11参照）。

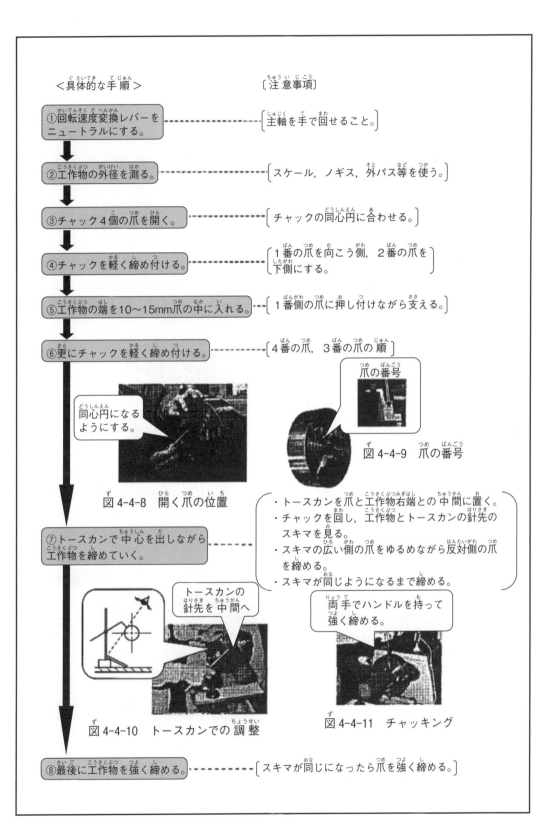

<具体的な手順>　　　　　　　　　〔注意事項〕

① 回転速度変換レバーを
　ニュートラルにする。　------------〔主軸を手で回せること。〕

② 工作物の外径を測る。　------------〔スケール，ノギス，外パス等を使う。〕

③ チャック4個の爪を開く。　----------〔チャックの同心円に合わせる。〕

④ チャックを軽く締め付ける。　--------〔1番の爪を向こう側，2番の爪を
　　　　　　　　　　　　　　　　　　　　　下側にする。〕

⑤ 工作物の端を10～15mm爪の中に入れる。---〔1番側の爪に押し付けながら支える。〕

⑥ 更にチャックを軽く締め付ける。　----〔4番の爪，3番の爪の順〕

爪の番号

図 4-4-9　爪の番号

同心円になる
ようにする。

図 4-4-8　開く爪の位置

・トースカンを爪と工作物右端との中間に置く。
・チャックを回し，工作物とトースカンの針先の
　スキマを見る。
・スキマの広い側の爪をゆるめながら反対側の爪
　を締める。
・スキマが同じようになるまで締める。

⑦ トースカンで中心を出しながら
　工作物を締めていく。　------------

トースカンの
針先を中間へ

両手でハンドルを持って
強く締める。

図 4-4-10　トースカンでの調整　　　　図 4-4-11　チャッキング

⑧ 最後に工作物を強く締める。　------〔スキマが同じになったら爪を強く締める。〕

＜参考＞ダイヤルゲージによる心出し：

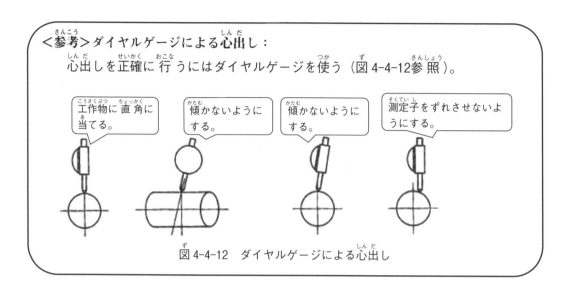

心出しを正確に行うにはダイヤルゲージを使う（図4-4-12参照）。

工作物に直角に当てる。

傾かないようにする。

傾かないようにする。

測定子をずれさせないようにする。

図4-4-12　ダイヤルゲージによる心出し

(2) 連動チャック（三つ爪）の場合のチャッキング

連動チャックは，スクロールチャックともいう。1個のねじを締めれば，3個の爪が同時に動くので心出しがやりやすい。トースカンで心出しをする必要もない。ただし，チャッキングできる工作物は，丸，六角，三角のものに限られる（図4-4-13参照）。

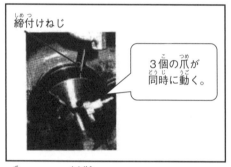

締付けねじ

3個の爪が同時に動く。

図4-4-13　連動チャックでチャッキング

(3) センタ押し

長い工作物や重い工作物はチャックとセンタの2つを使って固定する。工作物の左端をチャッキングし，右端は予めあけられたセンタ穴にセンタで押しつける。このとき回転センタを使うことが多い（図4-4-14参照）。

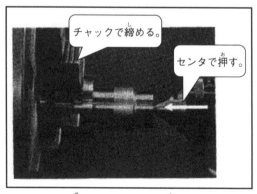

チャックで締める。

センタで押す。

図4-4-14　センタ押し

(4) 両センタ支持

工作物の全長を加工したい場合，または長い工作物の場合は，両センタを使う。工作物の両端面にあけたセンタ穴を，回りセンタと回転センタ（又は止まりセンタ）

で固定する（図4-4-15参照）。

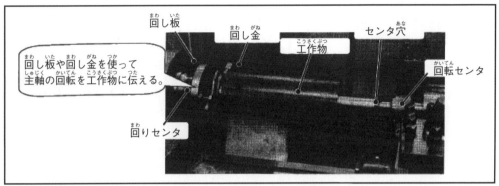

図 4-4-15　両センタ支持

3．切削条件

実際に切削加工する時は，切削速度，切り込み・送り等の切削条件を明らかにしなければならない。

(1)　切削速度

切削速度とは，切削するときの工作物の表面速度である。単位は m/min で表す。切削速度を決めるには，工作物の材質，バイトの材質，作業の種類，使用する機械の特性等が条件となる。切削速度Ｖは4-4-1式により求めることができる。

$$V = \frac{\pi \cdot D \cdot N}{1000} \ (m/min) \ \cdots\cdots\cdots\cdots\cdots\cdots\cdots\cdots\cdots\cdots \ (4\text{-}4\text{-}1)$$

$$\left(\begin{array}{ll} V：切削速度 & \pi：円周率 (3.14) \\ D：工作物直径 (mm) & N：毎分回転数 (min^{-1}) \end{array}\right)$$

回転数Ｎは4-4-2式により求めることができる。

$$N = \frac{1000\,V}{\pi \cdot D} \ (min^{-1}) \ \cdots\cdots\cdots\cdots\cdots\cdots\cdots\cdots\cdots\cdots \ (4\text{-}4\text{-}2)$$

(2)　切り込み・送り

切り込みとは，切削するときにバイトが工作物に切り込む深さである。送りとは，切削するときに工作物の1回転当たりに対してバイトが送られる距離である。

切り込みと送りの条件によって，工作物の仕上げ面は図4-4-16のように粗さが異なってくる。

切り込み量と送り量は，切削速度に合わせて決める。

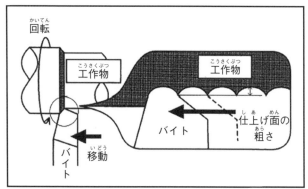

図4-4-16　外径加工の切り込みと送り

<参考>旋盤外径加工の切削条件：

旋盤で外径加工するときの切削条件の例を表4-4-1に示す。

表4-4-1　切削条件

工作物材質		高速度鋼（ハイス）			超硬		
		切削速度 (m/min)	切り込み (mm)	送り (mm)	切削速度 (m/min)	切り込み (mm)	送り (mm)
鋼	荒	38～53	2.0～4.5	0.3～0.7	50～150	4.7～10.0	0.8～
	仕上	61～83	0.3～1.0	0.15～0.4	120～230	0.38～2.4	00.5～0.2
鋳鉄	荒	36～45	2.0～4.5	0.3～0.7	50～90	4.7～10.0	0.8～
	仕上	27～36	0.3～1.0	0.15～0.4	80～120	0.38～2.4	0.05～0.2
アルミニウム	荒	45～70	2.0～4.5	0.3～0.7	100～500	0.4～4.7	0.8～
	仕上	100～120	0.2～0.5	0.15～0.4	450～1500	0.1～0.4	0.05～0.2

(3) 切りくずの形

金属を刃物で加工する際の切りくずの形は主に図4-4-17のように分類される。

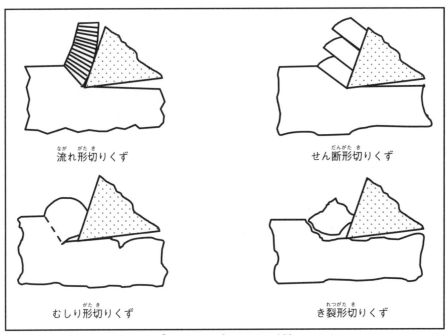

流れ形切りくず

せん断形切りくず

むしり形切りくず

き裂形切りくず

図4-4-17　切りくずの形

(4) 表面粗さ

仕上げ面の表面粗さにはRa（算術平均粗さ），Rz（最大高さ），RzJIS（十点平均粗さ）があり，理論上の仕上げ面粗さは4-4-3式により求めることができる。

$$\text{理論上の仕上げ面粗さ：h}（\mu m） = \frac{f^2}{8R} \cdots\cdots\cdots\cdots\cdots\cdots\cdots\cdots\cdots\cdots\cdots (4\text{-}4\text{-}3)$$

4. 切削油剤

切削加工するとき，熱の発生を抑え，切くずが工作物にからまないようにするため，刃先付近に切削油剤をかける（図4-4-18参照）。

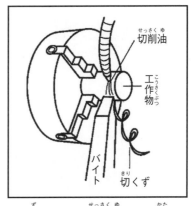

切削油

工作物

バイト

切くず

図4-4-18　切削油のかけ方

(1) 切削油剤の効果

切削油剤には次のような効果がある。
- ① 潤滑作用………摩擦熱を減らす。加工面の精度をあげる。刃具を長持ちさせる。
- ② 冷却作用………切削熱を発散させる。
- ③ 洗浄作用………切くずが刃先や工作物に張りつくのを防ぐ（流し落とす）。
- ④ 防錆作用………工作物や機械を錆びから守る。

(2) 切削油剤の種類

切削油剤の種類と特徴を次に示す。

a．不水溶性切削油剤…… 油そのもので，潤滑作用に優れている。
- (a) 鉱物油………………マシン油，スピンドル油，軽油などがある。洗浄作用に優れている。一般的な加工に使う。値段が安い。
- (b) 動物・植物油………ラード，鯨油，菜種油，大豆油，オリーブ油などがある。潤滑性に優れている。精密加工に使う。

b．水溶性切削剤（冷却性に優れている。鉱物油などを水で薄めて使う。）
- (a) エマルジョン形……水に溶かすと白くにごる。潤滑性がよい。他に比べ防錆効果が低く，劣化しやすい。
- (b) ソリュブル形………半透明の水溶液。エマルジョンに比べると洗浄性，冷却性が優れる。防錆効果がある。
- (c) ソリューション形…透明の水溶液。冷却性が高く，防錆効果がある。

【2級関係】

切削油剤に関する注意事項

① 一般に鉱物油や脂肪油を使用した切削油剤は，切りくずを保持することでラップするような状態となり，工具の摩耗が早くなるため，鋳鉄の切削に使用しない。ただし，水溶性切削油剤の場合，このような事はない。

② 銅や銅合金には，硫黄などの反応性の強い極圧添加剤を含んだ切削油剤は硫化銅となり黒色になったり，腐食したりするため使用しない。

③ マグネシウムやマグネシウム合金の切削においては，水溶性切削油剤を使用すると発火の恐れがあるため，不水溶性切削油剤を使用する。

（参考：「機械仕上の総合研究（上）・（下）」(株)技術評論社）

【切削加工の事例】

普通旋盤で，図 4-4-19 の段付き部品（Φ55×60 S45C）を円筒切削，平面端面切削した後で穴あけ加工するときの作業手順を示す。

加工条件：全面仕上げ（ドリル穴除く）

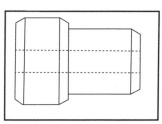

図 4-4-19　加工図面

＜概略の手順＞……全体の手順を次のように決める（図 4-4-20 参照）。

バリをとる D E F I J

小径部分の加工Ⓐ
端面加工Ⓑ，Ⓒ

穴あけⒻ

外径部分の加工Ⓖ
端面加工Ⓗ

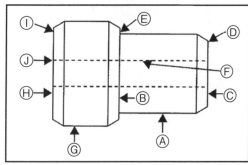

図 4-4-20　加工手順

<具体的な手順>　　　　　　　　　　　　　　〔注意事項〕

①材料を連動チャックに取付ける。 --------- { ・つかみ代は20〜25mm }

②バイトを取付ける。 --------- { ・刃先の高さを，心押軸の中心に合わせる。バイトは外径荒削り用，外径仕上げ用，側面仕上げ用，面取り用 }

③外径Ⓐを荒削りする。 --------- { ・仕上げ代を0.2〜0.3mm残す。 }

④段付き部Ⓑと端面Ⓒを荒削りする。 --------- { ・つかみ代は20〜25mm }

⑤外径Ⓐ，段付き部Ⓑ，端面Ⓒを仕上げる。 --------- { ・決められた寸法に仕上げる。 ・決められた面粗さに仕上げる。 }

⑥かどⒹ・Ⓔのカエリを取る。 --------- { ・外径用面取りバイトを使う。 ・面取りの大きさはC1とし，決められた寸法に仕上げる。 }

⑦センタ穴ドリルを取付ける。 --------- { ・ドリルチャックを使う。 }

⑧センタ穴をあける。 --------- { ・まず，センタ穴ドリルをゆっくり進める。 ・次に普通に切り込む。 }

⑨ドリルを取付ける。 --------- { ・ドリルスリーブを使う。 }

⑩穴Ⓕをあける。 --------- { ・切削油を十分につける。 ・後穴あけの途中で切削油をかけ，切くずを取り除く。 }

⑪穴Ⓕのカエリをとる。 --------- { ・内径用面取りバイトを使う。 }

⑫材料をトンボして，連動チャックに取付ける。 --------- { ・Ⓑの部分をチャックの爪に押し当て，Ⓐの部分を爪でつかむ。（図4-4-21　参照） }

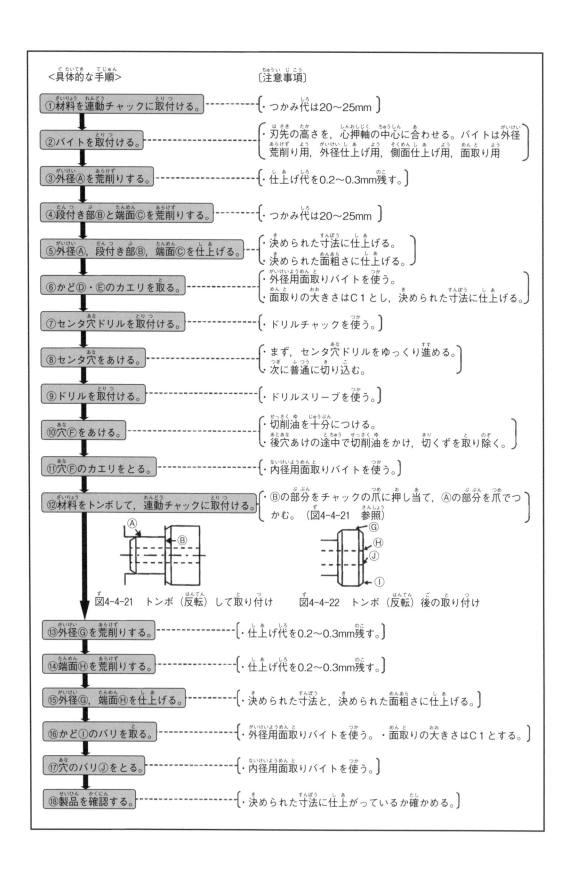

図4-4-21　トンボ（反転）して取り付け　　図4-4-22　トンボ（反転）後の取り付け

⑬外径Ⓖを荒削りする。 --------- { ・仕上げ代を0.2〜0.3mm残す。 }

⑭端面Ⓗを荒削りする。 --------- { ・仕上げ代を0.2〜0.3mm残す。 }

⑮外径Ⓖ，端面Ⓗを仕上げる。 --------- { ・決められた寸法と，決められた面粗さに仕上げる。 }

⑯かどⒾのバリを取る。 --------- { ・外径用面取りバイトを使う。 ・面取りの大きさはC1とする。 }

⑰穴のバリⒿをとる。 --------- { ・内径用面取りバイトを使う。 }

⑱製品を確認する。 --------- { ・決められた寸法に仕上がっているか確かめる。 }

第4章　確認問題

以下の問題について，正しい場合は○，間違っている場合は×で解答しなさい。

（1）　旋盤には，普通旋盤，タレット旋盤，立旋盤，自動旋盤，NC旋盤などがある。

（2）　旋盤で加工できるのは，円筒と外面である。

（3）　旋盤の主軸台は，バイトを取り付ける部分である。

（4）　チャックには，単動チャック（四つ爪）と連動チャック（三つ爪）がある。

（5）　往復台は，ベッドの上を左右に移動させる装置である。

（6）　バイトは，シャンクと刃部で構成されている。

（7）　クランプバイトには，最初からチップとシャンクが一体となっている。

（8）　バイトの刃先角度は，バイトの強さや，切れ味に大きく影響する。

（9）　スローアウェイバイトのチップは，切れなくなったら再研磨して使う。

（10）　ドリルは，旋盤で使うことができない。

（11）　旋盤の切削速度は　$V = \dfrac{\pi \cdot D \cdot N}{1000}$ の式で表される。

　　　　V：切削速度（m/min）　　　　　D：工作物直径（mm）
　　　　N：毎分回転数（min^{-1}）　　　　π：円周率（3.14）

（12）　旋盤の主軸回転速度は，主軸を停止させてから変える。

（13）　バイトの刃先の高さは，心押台センタの中心と同じ高さにする。

（14）　旋盤で荒削りするとき，仕上げ代を2～3mm残して作業すると能率が上がる。

（15）　旋盤加工の切り込みと送りの量は，切削速度に合わせて決める。

第4章　確認問題の解答と解説

（1）　○

（2）　×　（理由：旋盤は回転体であれば，円筒外面・円筒内面・端面の切削，突っ切り，穴あけ，ねじ切りなど，ほとんどの加工ができる。）

（3）　×　（理由：主軸台はスピンドル（主軸）を支える台である。バイトは刃物台に取り付ける。）

（4）　○

（5）　○

（6）　○

（7）　×　（理由：クランプバイトは，後からチップをシャンクに取り付けたものである。）

（8）　○

（9）　×　（理由：スローアウェイバイトのチップは，切れ刃を使った後は，使い捨てする。）

（10）　×　（理由：ドリルは，ボール盤での穴あけに使われるが，旋盤でもよく使われる。）

（11）　○

（12）　○

（13）　○

（14）　×　（理由：旋盤作業での仕上げ代は，0.2～0.3mm 残すのが一般的である。）

（15）　○

第5章　フライス盤加工

第1節　フライス盤の特徴

　フライス盤作業では，切削工具が高速度で回転し，加工物が上下・前後・左右に動いて部品を製造する。

　フライス盤で使用する切削工具をフライスという。フライスは，加工する箇所，形状によって多くの種類がある。その例を表5-1-1に示す。

表5-1-1　フライスの種類

名称	形状	用途	名称	形状	用途
正面フライス		広い平面加工	平フライス		平面加工
側フライス		側面加工 溝加工	溝フライス		溝加工
メタルソー		狭い溝加工 切断	外丸フライス		外側の丸加工
内丸フライス		内側の丸加工	エンドミル		平面加工 輪郭加工 溝加工
ドリル		穴加工			

第2節　フライス盤の構造

1. フライス盤の種類

　　フライス盤を大きく分けると，立てフライス盤と横フライス盤がある。立てフライス盤は，テーブル面に対して主軸（アーバ）が垂直方向に取り付けられている。一方，横フライス盤は，テーブル面に対して主軸（アーバ）が水平方向に取り付けられている（図5-2-1(a).(b)参照）。

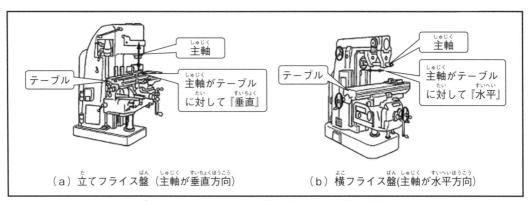

（a）立てフライス盤（主軸が垂直方向）　　　　（b）横フライス盤（主軸が水平方向）

図5-2-1　立てフライス盤と横フライス盤の違い

(1) 立てフライス盤

a. 立てフライス盤の2つのタイプ

　　立てフライス盤は，主軸部分が動くか，ニー部分が動くかによって，2つのタイプに分けられる（図5-2-2参照）。

(a) ひざ形　…………　ニー部分が上下に動く（主軸部分は上下しない）

(b) ベッド形　………　主軸部分が上下に動く（ニー部分は上下しない）

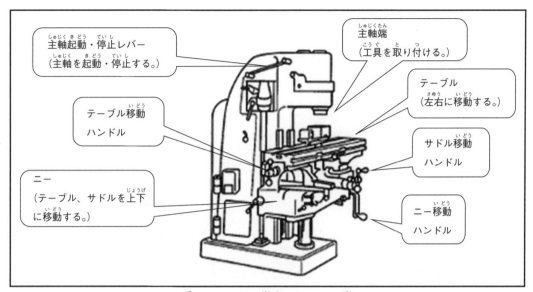

主軸起動・停止レバー
（主軸を起動・停止する。）

主軸端
（工具を取り付ける。）

テーブル移動
ハンドル

テーブル
（左右に移動する。）

サドル移動
ハンドル

ニー
（テーブル、サドルを上下
に移動する。）

ニー移動
ハンドル

図 5-2-2　ひざ形立てフライス盤

b．立てフライス盤の特徴

(a)　加工状態（工具と加工物の様子）を正面から見ることができ，作業がしやすい。

(b)　横フライス盤に比べて工具交換が容易で，いろいろな加工ができる。
（図 5-2-3，図 5-2-5 参照）

(c)　正面フライス，エンドミル等の発達により高精度，高効率な加工を行うことができ，利用頻度が高くなっている。

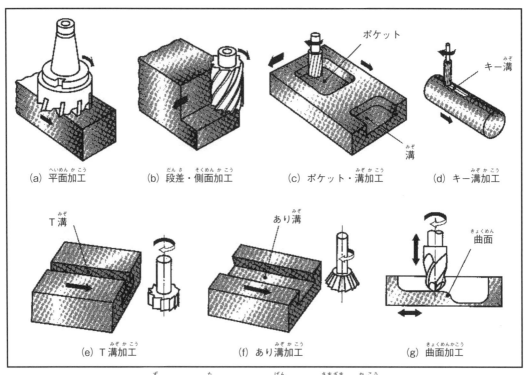

(a) 平面加工　　(b) 段差・側面加工　　(c) ポケット・溝加工　　(d) キー溝加工

(e) Ｔ溝加工　　　　　(f) あり溝加工　　　　　(g) 曲面加工

図5-2-3　立てフライス盤による様々な加工

（2）　横フライス盤

ａ．横フライス盤の2つのタイプ

　　横フライス盤も主軸部分が動くか，ニー部分が動くかによって，2つのタイプに分けられる。（図5-2-4参照）

（a）　ひざ形　　………　ニー部分が上下に動く（主軸部分は上下しない）

（b）　ベッド形　　………　主軸部分が上下に動く（ニー部分は上下しない）

ｂ．横フライス盤の特徴

（a）　溝加工だけでなく刃物の形状を変えることで様々な加工が行なえる。
　　　　（図5-2-5参照）

（b）　主軸（アーバ）に複数の刃物を組み合わせて加工できるので，作業が効率的である。

（c）　刃物，アーバサポートが主軸端から離れるほど，切削速度や送り速度を落とす必要がある。

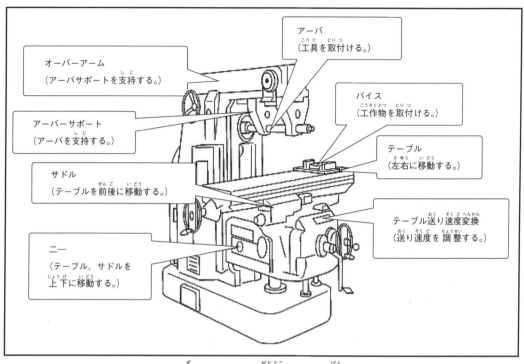

オーバーアーム
（アーバサポートを支持する。）

アーバ
（工具を取付ける。）

アーバーサポート
（アーバを支持する。）

バイス
（工作物を取付ける。）

サドル
（テーブルを前後に移動する。）

テーブル
（左右に移動する。）

ニー
（テーブル、サドルを
上下に移動する。）

テーブル送り速度変換
（送り速度を調整する。）

図 5-2-4　ひざ形横フライス盤

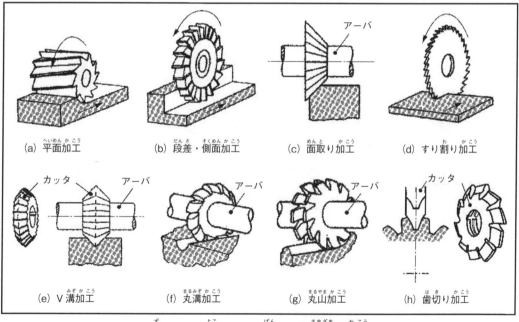

(a) 平面加工

(b) 段差・側面加工

(c) 面取り加工　アーバ

(d) すり割り加工

(e) Ｖ溝加工　カッタ　アーバ

(f) 丸溝加工　アーバ

(g) 丸山加工　アーバ

(h) 歯切り加工　カッタ

図 5-2-5　横フライス盤による様々な加工

<参考> フライス盤の大きさの表し方：
　　フライス盤には大きさを表す基準がある。テーブルの大きさ，テーブルの左右・前後・上下の移動量及びテーブル上面から主軸端面までの距離で表されており，一般には呼称番号で１番，２番などと呼んでいる。

2. フライス盤の操作方法

　　フライス盤で加工作業を行う場合は，事前にフライス盤の動作点検を行い，正常に動くことを確認してから作業する。

(1) 事前の動作確認

　　ひざ形立てフライス盤の場合は，図 5-2-6 の手順で動作点検をする。

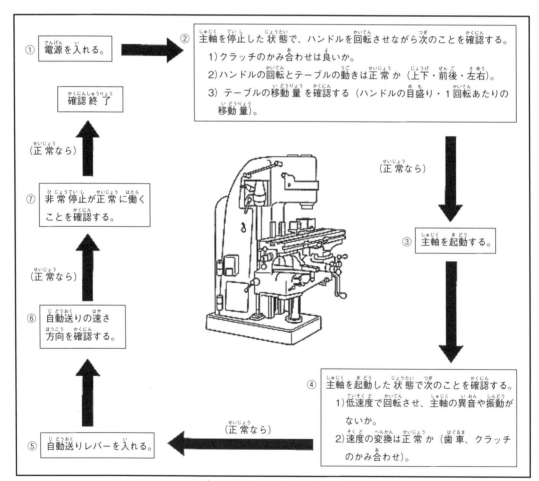

① 電源を入れる。

② 主軸を停止した状態で、ハンドルを回転させながら次のことを確認する。
　1) クラッチのかみ合わせは良いか。
　2) ハンドルの回転とテーブルの動きは正常か（上下・前後・左右）。
　3) テーブルの移動量を確認する（ハンドルの目盛り・1 回転あたりの移動量）。

（正常なら）

③ 主軸を起動する。

④ 主軸を起動した状態で次のことを確認する。
　1) 低速度で回転させ、主軸の異音や振動がないか。
　2) 速度の変換は正常か（歯車、クラッチのかみ合わせ）。

（正常なら）

⑤ 自動送りレバーを入れる。

⑥ 自動送りの速さ方向を確認する。

（正常なら）

⑦ 非常停止が正常に働くことを確認する。

（正常なら）

確認終了

図 5-2-6　事前の点検手順

(2) 主軸頭の操作

　主軸頭は，フライスを取り付け，コントロールする最も重要な部分である。そのため，たくさんのハンドルやレバーがある。主軸頭は，主軸回転数変換機構とクイル上下移動機構から構成されている（図5-2-7参照）。

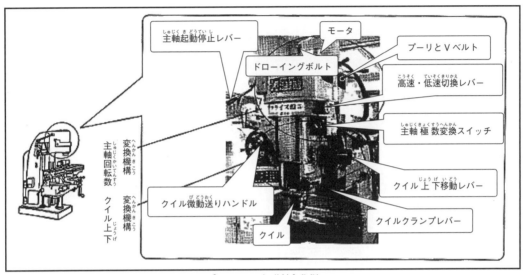

図5-2-7　主軸頭部分

a．主軸回転数変換機構

　主軸回転数変換機構は，主軸の回転数を設定するもので，プーリとVベルト，高速・低速切換レバー，主軸極数変換スイッチから構成されている。

　主軸回転数は，以下の手順で決めていく。

(a) 回転数(N)を計算する。　… 加工物の材質，切削工具を考慮する（163頁本章第4節1「(1)回転数の決め方」参照）。

(b) Vベルトの位置を回転数(N)に合わせる。

(c) 高低速切換レバーを切換る。

(d) 極数変換スイッチを切換る。

b．クイル上下移動機構

　クイル上下移動機構は，穴あけ，深ざぐり，中ぐり等に使用するものである。ク

イル上下移動レバー，クイル微動送りハンドル，クイルクランプレバーで構成されている。

(a) クイル上下移動レバー ………… ドリルでの穴あけに使用する。

(b) クイル微動送りハンドル …… エンドミルでの深ざぐりに使用する。

(c) クイルクランプレバー ………… クイルが動かないように固定する。

(3) ニーの操作

ニー部分は，テーブルを上下，前後，左右に移動させる機構である。自動送りと手動送りにより移動させる事が出来る（図5-2-8 参照）。

ニー部分の移動は次の手順で操作する。

＜自動送りの場合＞ 　　　　　　　　　　　＜手動送りの場合＞

(a) 自動・手動切換レバーを「自動」にする。 　　(a) 自動・手動切換レバーを「手動」にする。

↓ 　　　　　　　　　　　　　　　　　　　　↓

(b) 動かしたい方向にレバーを倒す。 　　(b) 上下，前後，左右の各ハンドルを操作する。

↓ 　　　　　　　　　　　　　　　　　　　　↓

送り速度選択ダイヤルで設定した速度で移動 　　　移動

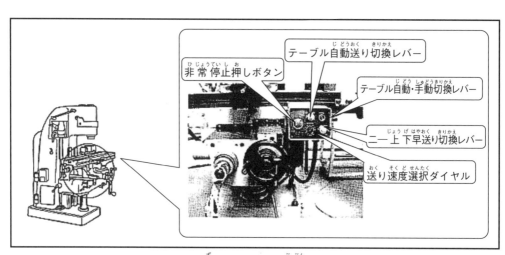

非常停止押しボタン
テーブル自動送り切換レバー
テーブル自動・手動切換レバー
ニー上下早送り切換レバー
送り速度選択ダイヤル

図5-2-8 ニー部分

(4) **非常停止押しボタン**

　機械操作中に異常があった場合は，直ちに非常停止押しボタンを押す（図5-2-8参照）。

3. 取付け装置

　取付け装置は，加工中に加工物が動かないように，しっかりと固定する物である。代表的な取付装置を次に示す。

(1) バイス

　テーブルにバイスを取り付け，加工物を固定し，切削加工を行う物で，最も多く用いられる。バイスには，図5-2-9に示す，油圧で締め付ける油圧バイスと，ねじで締め付ける機械バイスがあり，基本的構造は同じである。

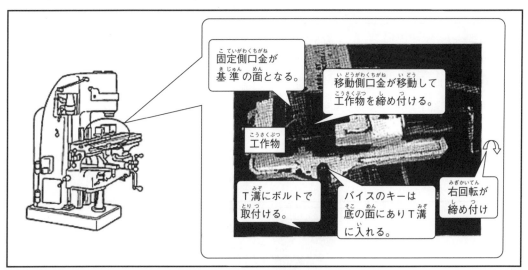

　　　　　　　　固定側口金が
　　　　　　　　基準の面となる。

　　　　　　　　　　　　　移動側口金が移動して
　　　　　　　　　　　　　工作物を締め付ける。

　　　　　工作物

　　　　　　　　　　　　　　　　　　右回転が
　　　　　　　　　　　　　　　　　　締め付け
　　T溝にボルトで　　　バイスのキーは
　　取付ける。　　　　　底の面にありT溝
　　　　　　　　　　　　に入れる。

図5-2-9　油圧バイス

a. バイスをテーブルに取付ける方法

　加工部品の善し悪しは，バイス自体の精度とバイスの取付け方によって決まる。特にバイスの平行度，直角度を正確に保つことが大事である。次に平行度と直角度を決める要点を示す。

＜バイスの平行度の確保＞

　(a) 一般的な加工精度でよい場合 ………… バイス底面のキーを，テーブルの
　　　　　　　　　　　　　　　　　　　　　　T溝に合わせて取り付ける。

(b) 高い加工精度が求められている場合 … てこ式ダイヤルゲージを使う（図 5-2-10 参照）。

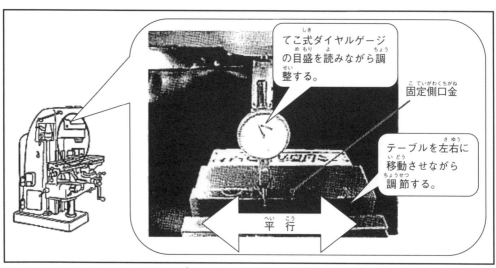

図 5-2-10　平行度の調整

＜バイスの直角度の確保＞

(a) 一般的な加工精度でよい場合 …… バイス底面のキーを，テーブルのT溝に合わせて取り付ける。

(b) 高い加工精度が求められる場合 … てこ式ダイヤルゲージを使う（図 5-2-11 参照）。

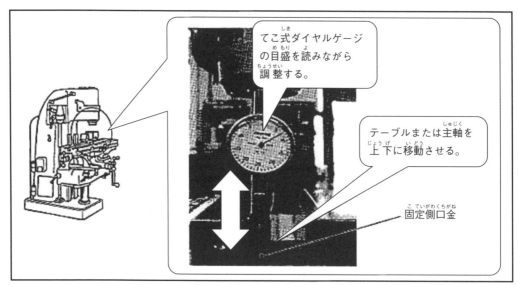

図 5-2-11　直角度の調整

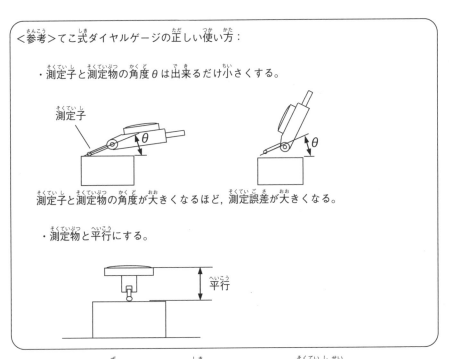

図5-2-12 てこ式ダイヤルゲージの測定姿勢

b．工作物をバイスに取り付ける方法（図5-2-13参照）。

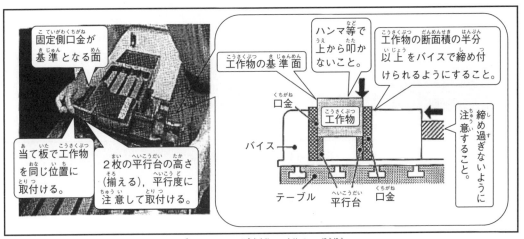

図5-2-13 工作物の取付け方法

c．工作物の取付け方法の要点

(a) 口金との接触面が大きくなるように取付ける。

(b) 厚さの半分以上を締め付けて，口金上部に出し過ぎない。

(c) 基準となる面を最初に削り，その面を固定側口金にあたるように取付ける。

(d) 図5-2-13に示す機械バイスでは、締め付け力に合わせた専用のハンドルで締め、それ以外のハンドルやハンマ等で叩いて締めすぎないようにする。

(e) 油圧バイスは、締付け中にハンドルの重さが伝わらないので、締めすぎないようにする。

(f) 工作物とバイス、工作物と平行台の間に隙間があっても、ハンマ等で叩かない（叩くと、基準面では無いところに合わせてしまい、精度良く加工できない）。

d. 工作物の位置決め

工作物の位置決めには、基準位置検出バー、基準位置測定器等を使用する。

(a) 基準位置検出バー……主軸に取り付けた検出バーを回転させ、テーブルを移動させて偏芯を無くし、半径分を補正することにより位置を決める（図5-2-14. (a)参照）。

(b) 基準位置測定器………主軸に測定器を取付け、テーブルを移動させランプが点滅した位置で、半径分を補正することによって位置を決める（図5-2-14.(b)参照）。

セラミックのバーを主軸に取付ける。

主軸を低速で回転させテーブルを移動し、バーの偏芯を無くす。

（a）基準位置検出バー

測定器を取付ける。

ランプの点灯で位置を確認する。

テーブルを移動し先端の球状部分を接触させる。（主軸は回転させない）

（b）基準位置測定器

図5-2-14　工作物の位置決め

(2) 取付け具

バイスに取り付けられない大きな加工物や締め付けると曲がってしまう薄い加工物、勾配のある加工物を固定するものである（図5-2-15参照）。

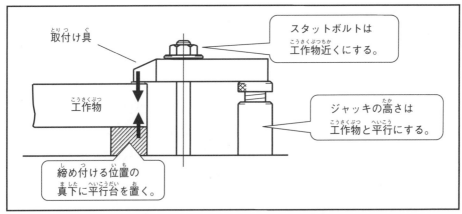

図 5-2-15　取付け具による固定方法

取付け具を使って加工する場合の要点を次に示す。
① ナットは締付け力が均一になるようにスパナで交互に締めること。
② クランパーで締め付ける工作物の真下に，平行台を必ず置くこと。
③ 平行台は2枚の高さが高精度で揃っていること。
④ ジャッキの高さは工作物と平行にすること。

(3) 円テーブル

円テーブルは，加工物に円の外周加工，又は局部的な円弧の加工を行う場合に加工物を固定するものである（図5-2-16参照）。

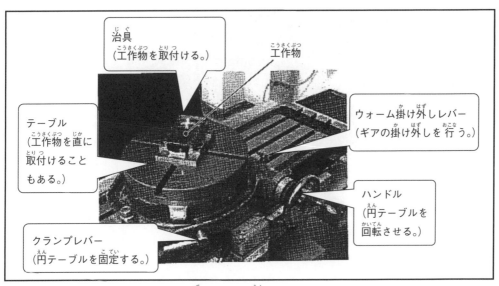

図 5-2-16　円テーブル

円テーブルを使って加工する場合の要点を次に示す。
① 円テーブルの中心と治具，工作物の位置を合わせる。
② 芯出し後，加工位置と合っていることを確認してから加工する。
③ 切り込む場合はフライス盤のテーブルを移動させる。
④ 角度で指示されている場合は，ハンドルの目盛りを見ながら加工する。
⑤ 下向き削りでは，バックラッシの関係で，切削時にテーブルが「がたつく」，「食い込む」ことがあるので，上向き削りで切削した方が良い（第5章第4節3. 参照）

> **<参考> バックラッシとは：**
>
> バックラッシとは，かみ合う歯車の隙間のことである。滑らかに動かしたい歯車のかみ合わせを，移動していたのと逆方向に動かす時に，寸法のずれが生じるので，バックラッシの調整しなければならない。ただし，隙間が無いと歯車が動かなくなる。

(4) 割出し台

割出し台は，自分で加工したい分割数に，等分分割した穴あけや，ボルト，ナット頭部の加工をする加工物を取り付けるのに用いる（図5-2-17参照）。

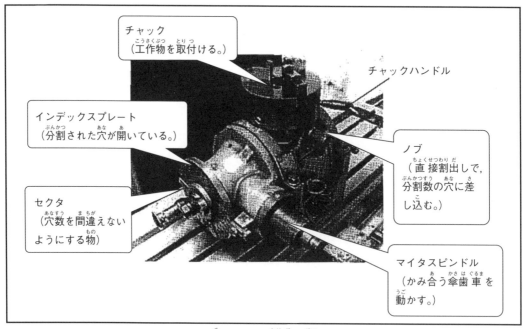

チャック
（工作物を取付ける。）

チャックハンドル

インデックスプレート
（分割された穴が開いている。）

ノブ
（直接割出しで，分割数の穴に差し込む。）

セクタ
（穴数を間違えないようにする物）

マイタスピンドル
（かみ合う傘歯車を動かす。）

図5-2-17　割出し台

割出し台を使った位置決めの方法に，直接割出しと間接割出しがある。

a．直接割出しによる方法

　　ウォームホイールを外し，スピンドル外周にある穴に，ノブを差し込んで割出す方法で，一般的な精度でも良い場合に用いる。

　　（穴数が24個だとしたら，2，3，4，6，8，12，24等分にできる）

b．間接割出しによる方法

　　ウォームとクランクの回転を，ウォーム歯車でスピンドルに伝えて，割出しを行う方法で，高精度の場合に用いる。

＜参考＞　クランクの回転数の求め方：

　　n＝40/N　　　　（n：クランクの回転数　　　N：割出し数）

　　（7等分を例にして挙げると40/7で，5回転と5/7回せば良く，割出し板の分母7の倍数の穴数の物を探し，穴数が35としたら35×5/7＝25となり，25穴進めれば良い。）

【2級 関係】

1．フライス盤の機械座標系

　　工作機械の座標系は，直行軸X，Y，Zの3軸をもつ右手座標系で規定されている。回転軸はそれぞれX，Y，Zの正方向に右ねじが進む方向となる（図5-2-18，図5-2-19，図5-2-20参照）。

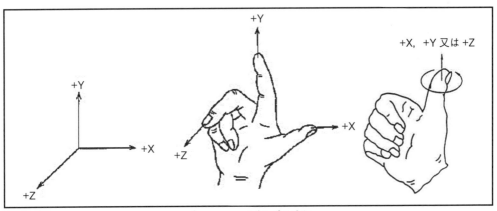

図5-2-18　右手座標系

・工具の運動表示　：X，Y，Z
・工作物の運動表示　：X'，Y'，Z'

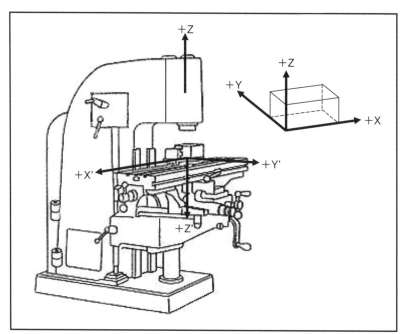

図 5-2-19　ひざ形立てフライス盤の座標系

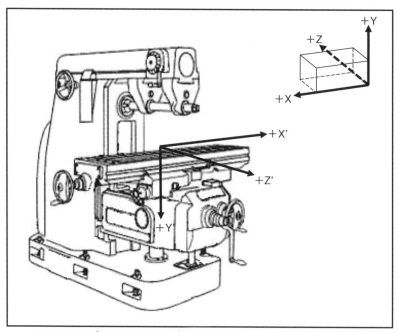

図 5-2-20　ひざ形横フライス盤の座標系

第3節　切削工具の種類及び取付け作業

1.　正面フライス

　　正面フライスは，立てフライス盤で主に広い平面を切削する時に用いる工具であり，平面切削のほとんどが正面フライスを使ったものである。（図5-3-1参照）

(1)　正面フライスの特徴

　　正面フライスには，次のような特徴がある。

①　多数のスローアウェイチップが付いているので，切削速度及び送り速度を高く設定できる。

②　チップが破損，摩耗をしてもチップの向きを変えて付け替えれば，位置や目盛り等の調整をしなくても同一の加工が続けられる。

③　種類が多いので，工作物により工具を選択できる。

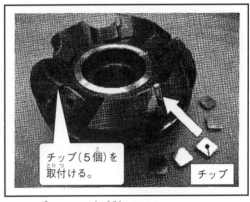

チップ（5個）を取付ける。

チップ

図5-3-1　正面フライスとチップ

(2)　正面フライスの取付け方法

　　大径の正面フライスは，切削抵抗が大きいので，ドローイングボルトでホルダを主軸端に直付けして，そこに正面フライスを取り付ける（図5-3-2参照）。

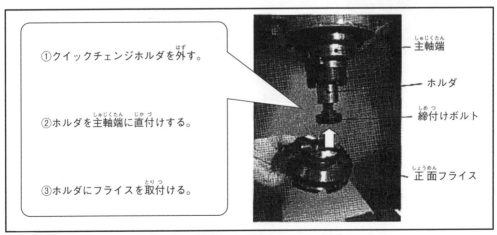

①クイックチェンジホルダを外す。

②ホルダを主軸端に直付けする。

③ホルダにフライスを取付ける。

主軸端

ホルダ

締付けボルト

正面フライス

図5-3-2　大径の正面フライスの取付け

小径の正面フライス（軸と一体型）は切削抵抗が少ないので，クイックチェンジ
ホルダにミーリングチャックを取り付け，そこに，取り付ける（図5-3-3参照）。

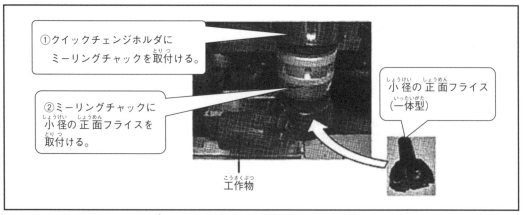

図5-3-3　小径の正面フライスの取付け

2．側フライス

　側フライスは，外周と側面に切れ刃があり，加工物の2つの面を同時に削れる切削工
具で，外周刃の角度によって直刃（図5-3-4(a)），ねじれ刃（図5-3-4(b)）がある。

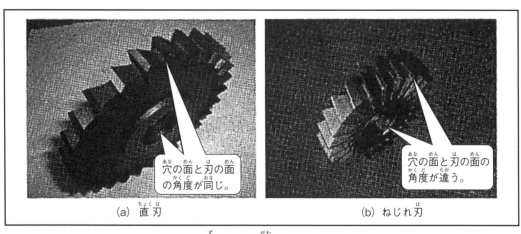

(a) 直刃　　　　　　　　　　　　(b) ねじれ刃

図5-3-4　側フライス

(1) 側フライスの特徴

　側フライスには，次のような特徴がある。
① 複数のカッタをアーバに取り付ければ，一度に複数の溝加工ができる。
② 直刃の側フライスでは，断続的な切削となり，切込み深さが多いとアーバ（軸）
がたわんでしまう。したがって，複数のカッタを使用するときは，切れ刃の位置を
ずらす必要がある。

③ ねじれ刃の側フライスは，刃がずれて工作物へ当たるので，振動が少なくなり，滑らかに切削できる。(図 5-3-4(b) 参照)

(2) 側フライスの取付け方法

側フライスの取付け手順を図 5-3-5 に示す。

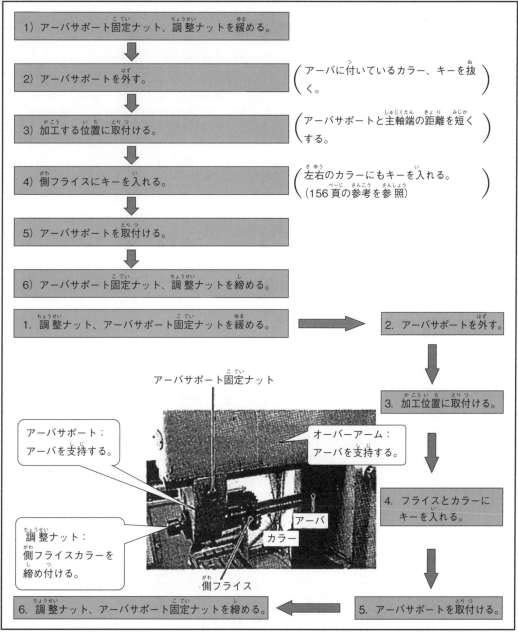

1) アーバサポート固定ナット、調整ナットを緩める。

2) アーバサポートを外す。　(アーバに付いているカラー、キーを抜く。)

3) 加工する位置に取付ける。　(アーバサポートと主軸端の距離を短くする。)

4) 側フライスにキーを入れる。　(左右のカラーにもキーを入れる。(156 頁の参考を参照))

5) アーバサポートを取付ける。

6) アーバサポート固定ナット、調整ナットを締める。

1. 調整ナット、アーバサポート固定ナットを緩める。 → 2. アーバサポートを外す。

3. 加工位置に取付ける。

アーバサポート固定ナット

アーバサポート：アーバを支持する。

オーバーアーム：アーバを支持する。

調整ナット：側フライスカラーを締め付ける。

アーバ
カラー
側フライス

4. フライスとカラーにキーを入れる。

6. 調整ナット、アーバサポート固定ナットを締める。 ← 5. アーバサポートを取付ける。

図 5-3-5　側フライス取付け図

<参考>アーバサポートと主軸端の距離を 短 くする理由：
　　切削抵抗で刃が逃げ，ビビリ振動で切削面が悪くなるのを防ぐため。
　　びびり振動を減らすには
　　　①　切込み量を減らす。
　　　②　送り速度を遅くする。
　　　③　アーバを太くする。
　　　④　ねじれ刃の側フライスに変える。

3．ドリル
　　　ドリルとは，旋盤・フライス盤・ボール盤等での，穴あけ加工に使われる工具である
　　（表5-3-1参照）。
　　　注）117頁　(2)ドリルを参照のこと。

(1)　穴あけの順序

| ①　センタ穴ドリル |

　　　⬇

| ②　必要なサイズのドリル |

　　　ドリルで，いきなり穴加工すると，先端が横
　　に逃げ，精度良く加工できないので，ドリルの
　　案内穴をあける。
　　　穴のサイズが大きい場合は，ドリルのサイズ
　　を細いものから太いものに変えて穴を広げる。

表5-3-1　穴あけで使うドリル

種類	用途・特徴	形状
センタ穴ドリル	穴加工の位置精度を良くするために事前にドリルの案内穴をあけることに使用する。 センタ穴の角度は60°，75°，90°となっている。 （JIS B1011で規定）	
ストレートシャンクドリル	0.2mmから13mmの穴加工に使用する。	
テーパシャンクドリル	13mm以上の穴加工に使用する。 切削抵抗が大きくなるため，回り止めとしてタング部が付いている。	タング

(2) ドリルの特徴

　　ドリルには，次のような特徴がある。

　①　切りくずが繋がった場合は，周囲の物を巻き込んで危険。切りくずを取り除く必要がある（必ず機械を止めてから行うこと）。

　②　小径のドリルは詰まりやすく，切れ刃の切削熱を冷却するのが難しいので，頻繁に切りくずを取り除く。

　③　ツイストした溝により，工具の剛性が弱く，加工時に振動が出る場合がある。

　④　加工中は切削油剤を使用する。

(3) ドリルの取付け方法

　a．ストレートシャンクドリルの取付け方法（図5-3-6 参照）

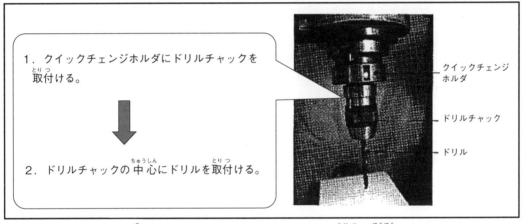

1．クイックチェンジホルダにドリルチャックを取付ける。

2．ドリルチャックの中心にドリルを取付ける。

クイックチェンジホルダ

ドリルチャック

ドリル

図5-3-6　ストレートシャンクドリルの取付け方法

ｂ．テーパシャンクのドリルの取付け方法（図 5-3-7 参照）

図 5-3-7　テーパシャンクドリルの取付け方法
注）123頁　⑵ドリルの取付け方と抜き方を参照のこと。

４．エンドミル

　エンドミルとは，正面削り，側面削り，段削り，輪郭削り等の加工に使われる切削工具である。外周と底面に切れ刃がある。表 5-3-2 にエンドミルの種類と用途を示す。

表 5-3-2　エンドミルの種類と用途

種類	用途・特徴	形状
2枚刃エンドミル （JIS B0172-1993 4203）	① 切りくずを除去する溝が大きいので処理がしやすい。 ② 穴加工，深座ぐりにも使用できる。 ③ 狭い溝，深い溝の加工も可能である。	
多刃エンドミル （JIS B0172-1993 4205）	① 3枚刃以上の切れ刃をもつ物。 ② 断面積が大きく剛性が高い。 ③ 切りくずを除去する溝が小さいので，切りくずがつまりやすい。 ④ 側面加工，仕上げ加工に使用する。	（4枚刃エンドミル）
ボールエンドミル （JIS B0172-1993 4208）	型彫り，コーナーR（内側）の切削に使用する。	
総形エンドミル （JIS B0172-1993 4212）	特殊形状の加工に用いる。	
ラフィングエンドミル （JIS B0172-1993 4216）	① 切りくず除去に優れ，切削熱も少ない。 ② 荒削りに使用する。 ③ 切削抵抗が少ない。	
面取りフライス （JIS B0172-1993 4223）	外周刃が60°，75°，90°及び120°の角度を持ったフライスで，面取り加工に用いられる。	

(1) エンドミルの特徴

エンドミルは，ソリッドタイプ，ろう付けタイプ，スローアウェイタイプがあるが，一般的には，ソリッドタイプが使われる。その特徴を次に示す。

① 工具全体が同じ材質で作られているので，工具の剛性が高い。

② 切れ刃に継ぎ目が無く，切削面が良好なので，仕上げ加工に使われる。

(2) エンドミルの取付け方法

エンドミルは，ミーリングチャックの穴径と，エンドミルのシャンク径に合ったコレットに入れ，ミーリングチャックに取付ける（図 5-3-8 参照）。

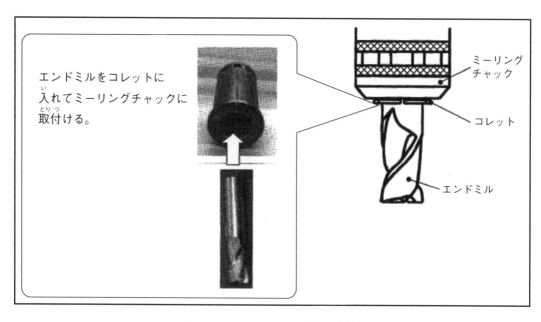

エンドミルをコレットに
入れてミーリングチャックに
取付ける。

ミーリング
チャック

コレット

エンドミル

図 5-3-8　エンドミルの取付け方法

<参考>　刃の材質による分類と，その特徴：

1．高速度鋼（ハイス）
　①　靱性に優れ，欠けにくく，安価
　②　いろいろな材質の加工物に使用できる
　③　切削速度は，低めにする

2．超硬質工具材料
　①　耐摩耗性に優れ，工具寿命が長い
　②　切削速度を高く設定できる

3．サーメット
　①　鋼の仕上げ用として使われる
　②　超硬よりも切削速度を高く設定できる
　③　仕上げ面は特にきれいに仕上がる

【2級関係】

1. 正面フライス切れ刃の諸角度（図5-3-9参照）

正面フライスの切削性能は，切れ刃の角度によって決まる（表5-3-3参照）。

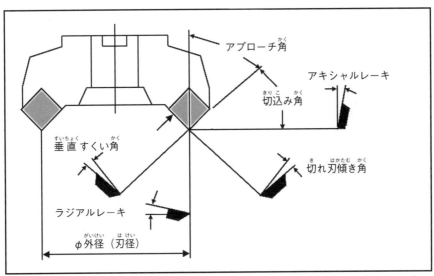

図5-3-9　正面フライスの諸角度（引用：三菱マテリアルカタログ技術資料）

表5-3-3　正面フライスの諸角度と機能

名称	機能	効果
アキシャルレーキ	切りくず排出の方向を決める	正のとき：切削性がよい
ラジアルレーキ	切れ味を決める	負のとき：切りくず排出性がよい
切込み角	切りくず厚みを決める	大きいとき：切りくず厚みが薄くなり，切削時の衝撃が小さい 背分力は高くなる
垂直すくい角	実際の切れ味を決める	正（大）のとき：切削性がよく溶着しにくい 負（大）のとき：切削性は悪いが，切れ刃強度が高い
切れ刃傾き角	切りくず排出の方向を決める	正（大）のとき：排出性がよい，切れ刃強度は低い

2. エンドミルの切れ刃

エンドミルの回転方向により切れ刃の向きが変わる。また，ねじれ方向も右，左があ

― 161 ―

るので，組み合わせにより4種類になる（図5-3-10参照）。

　右刃，右ねじれ刃は刃先にそって切りくずが上がってくるで，スムーズに切削加工が行なえるので，通常は右刃，右ねじれ刃が用いられている。

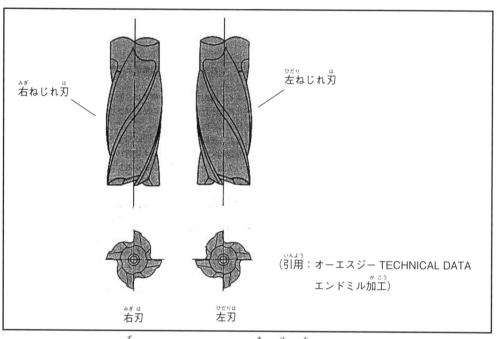

図5-3-10　エンドミルの切れ刃の向きとねじれ

3.　切削工具の各部名称（図5-3-11参照）

・ランド：溝をもつ工具の，切れ刃からヒールまでの堤状の幅をもった部分
・マージン：逃げ面上の逃げ角が付いていない部分

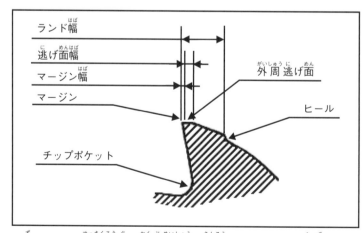

図5-3-11　切削工具の各部名称（参考：JIS B0172　付図21）

第4節　切削加工

1．切削速度・送り・切り込み

　　切削速度とは，工具が回転し，1分間（min）に切削する距離（m）で表される。工作物の材質，切削工具の材質に合った切削速度で加工することは大変重要である。切削加工の手順を図5-4-1に示す。

　　　　注）131頁　図4-4-17　切りくずの形を参照のこと。

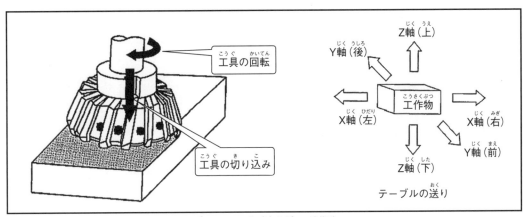

図5-4-1　切削加工の手順

(1)　回転数の決め方

a．切削速度を決める　➡　b．回転数を計算する　➡　c．切削加工する

a．切削速度の決め方

(a)　工作物の材質・工具により一般的な切削速度を表5-4-1から選ぶ。

(b)　表5-4-2の切削速度の加減より切削条件を決定する。

表5-4-1　一般的な切削速度（m/min）

工具　　　　　工作物	高速度鋼	超硬合金（荒削り）	超硬合金（仕上げ削り）
鋳鉄	30	50～60	120～150
軟鋼	30	50～70	150
アルミニウム	150	95～300	300～500
黄銅	60	240	180
銅	50	120～150	240～300

表5-4-2　切削速度の加減

遅くする場合	速くする場合
a　荒削り	a　仕上げ削り
b　重切削	b　軽切削
c　硬い物	c　軟らかい物

b．回転数の計算方法

回転数は，切削速度を元に次の式で求める。

$$N = \frac{1000\,V}{\pi \cdot D}\ (\text{min}^{-1})$$

$$\left(\begin{array}{l} N：回転数（min^{-1}） \\ V：切削速度（m/min） \\ \pi：円周率（3.14） \\ D：カッタの直径 mm \end{array} \right)$$

c．切削加工する

求めた回転数をフライス盤に設定して加工する。この場合，切削状況（加工面の状態，切りくず，切削音等）を観察し，必要ならば回転数を変更する。

(2) テーブル送り速さの決め方

テーブル送り速さを決める手順を次に示す。

| a．1刃あたりの送り量を決める | | b．テーブル送り速度を求める | |

| c．切削加工する |

a．1刃あたりの送り量の決め方

(a) 工作物の材質，工具の材質により1刃あたりの標準送り量を表5-4-3から選ぶ。

(b) 表5-4-4より切削条件を決定する。

表5-4-3　1刃当たりの標準送り量（mm／刃）

工作物 ＼ 工具	高速度鋼	超硬合金
鋳鉄	0.2～0.4	0.3～0.6
真鍮	0.3～0.4	0.3～0.4
銅	0.3～0.4	0.3～0.4
アルミニウム	0.3～0.6	0.1～0.4

表5-4-4　1刃あたりの標準送り量の加減

遅くする場合	速くする場合
a．仕上げ削り	a．荒削り
b．重切削	b．軽切削
c．硬い物	c．軟らかい物

b．テーブル送り速さの求め方

テーブル送り速度は，テーブルが1分間（min）に移動する距離（mm）で表される。切削を行う場合に使用する工具は，複数の切れ刃を持っているので，刃数が多いほど，また，回転が速いほど，テーブル送り速度を速く設定することができる。

テーブル送り速さは，1刃あたりの送り量を元に次の式で求める。

$$T = F \times N \times Z \quad \left\{ \begin{array}{l} T：テーブル送り速さ（mm/min）\\ F：1刃あたりの標準送り量（mm/刃）\\ N：回転数（min^{-1}）\\ Z：刃数 \end{array} \right.$$

c．切削加工

求めたテーブル送り速度を，フライス盤に設定して加工する。この場合，切削状況（加工面の状態，切りくず，切削音等）を観察し，必要ならばテーブル送り速度を変更する。

(3) 切込み深さ（図5-4-2参照）

切込み深さは，機械の剛性，工作物の取付け方法・材質，工具の種類，材質，切削条件等により異なるので，表5-4-5を参考に切込み深さを決めると良い。

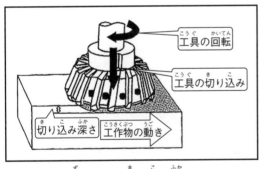

図5-4-2　切り込み深さ

表5-4-5　切り込み深さの選択

切り込み深さが多い	切り込み深さが少ない
① 荒削り	① 仕上げ削り
② 低精度	② 高精度
③ 取付けがしっかり	③ 取付けが不安定
④ 軟らかい	④ 硬い

注）112頁　表4-3-1　バイトの材質と特徴も参照のこと

2．平面切削作業

平面加工をする場合，立てフライス盤では正面フライス，横フライス盤では平フライスを使う。現在は能率・精度ともに優れている正面フライスによる平面加工が主流となっている。

＜六面体削り＞

　　六面体の平面切削は，フライス盤加工の基本である。丸棒及び角ブロックからの六面体に仕上げる加工の手順を図5-4-3に示す。

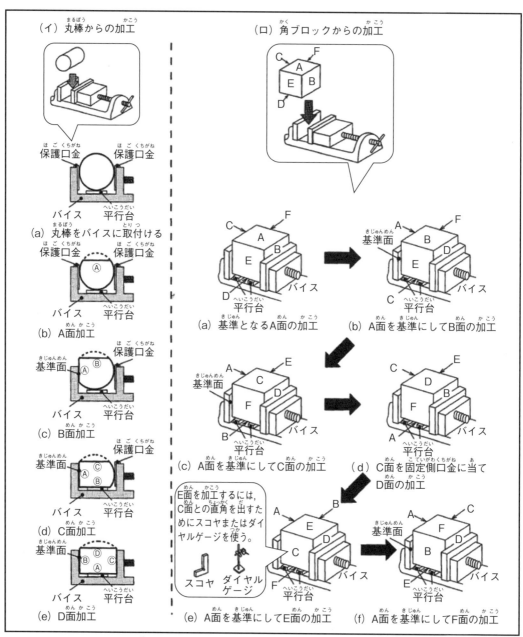

図 5-4-3　丸棒及び角ブロックからの六面体削り

＜加工手順におけるポイント＞

　　①　加工前，加工後には，その都度，加工物のバリをやすり等で取り去る。

② 基準となる面を固定側口金にあてて切削する。
③ 4面切削後，直角を出す場合には，直角定規（スコヤ）や，ダイヤルゲージ
等で調整してから，締め付け後に切削する。

<参考> バリ：
　　バリとは，切削面の角に出る出っ張りのことで，そのままだと取付け時の狂い
や寸法測定の誤差の原因となるので，やすり等を使い取り除く。

<参考> やすりの種類：
　　金属を手作業で仕上げるときに使用するやすりを「鉄工やすり」という。（JIS
B4703に規定）
　　やすりは断面形状，目の配列，目の粗さなどで分類されている。
　　　　　断面形状　：「平形」，「半球形」，「丸形」，「角形」，「三角形」
　　　　　目の配列　：「単目」，「複目」（原則として複目である）
　　　　　目の粗さ　：粗い順に「荒目」，「中目」，「細目」，「油目」
　　　　　その他　　：軟質のもの用に「鬼目」，「波目」

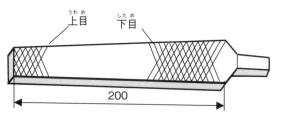

例）平形200mm荒目（複目）やすり

図5-4-4　やすり

<参考> 平行台：
　　バイスに工作物を取付けるとき，切削しやすい高さに，傾きなく取付けるため
の器具で，2枚の板の平行度，高さが高精度で揃っていないといけない。

---

3. 上向き削り（アップカット）と下向き削り（ダウンカット）
　　フライス盤の加工では，刃物が回転し工作物が移動する。この時に，図5-4-5に示す
ように，刃物の回転方向と，工作物の送り方向により上向き削りと下向き削りの2種類

がある。上向き削りでは工作物をテーブルから持ち上げる力がかかり，下向き削りでは工作物をテーブルに押しつけようとする力がかかる。上向き削りと下向き削りでは，表5-4-6のようにそれぞれ長所と短所がある。

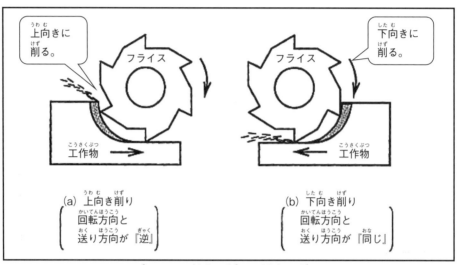

図5-4-5　上向き削りと下向き削り

表5-4-6　上向き削りと下向き削りの特徴

	上向き削り	下向き削り
長所	① テーブルの送り装置の遊びが除かれるので，バックラッシ（歯車間の隙間）を考えなくても良い。 ② 潤滑油剤を使うと，仕上げ面に光沢があり，表面粗さも良く仕上がる。	① 刃先の摩耗が少なく，工具の寿命が長い。 ② 切削抵抗が少なく，取り付けが容易。 ③ 光沢はないが滑らかで，一様な面になる。
短所	① 刃先の摩耗が速く，工具の寿命が短い。 ② 潤滑油剤を使わないと，仕上げ面に粗さが残る。	① 送り装置にバックラッシ（歯車間の隙間）があると，刃先が切り込む時に工作物が動きやすいので危険である。 ② 潤滑油剤を使っても，仕上げ面に，粗さの効果が少ない

4. 側面加工

　　工作物の大きさ，形状によっては側面加工を平面加工に置き換えて加工できる。できない場合の立てフライス盤での加工，横フライス盤での加工を図5-4-6に示す。

(1) 立てフライス盤による側面加工のポイント

　　① 工具は，エンドミルを使用する。

② 切り込み深さが多い場合にはラフィングエンドミルを使用する。

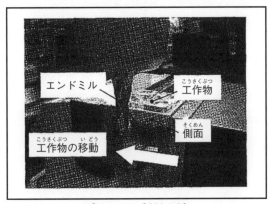

図5-4-6　側面加工

(2)　横フライス盤による側面加工のポイント

① 工具は，側フライスを使用する。
② 側フライスをアーバに2枚取り付けて，両面を同時に加工する。

5.　段差加工

段差を削る場合は，側面加工の手法を用いる。

(1)　立てフライス盤による段差加工のポイント（図5-4-7参照）

① 広く浅い段では，正面フライス，段の幅が狭いときは，エンドミルを使用する。
② エンドミルでは，荒削りの場合，底刃側を工具径ぐらいまでは切り込める。
③ 仕上げ削りは，底刃側を先に仕上げた後，少し刃先を逃がし，最後に側面を仕上げる。

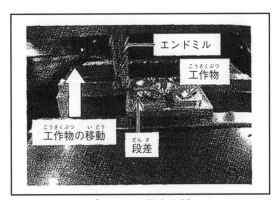

図5-4-7　段差加工

(2) 横フライス盤を使う場合

工具は，側フライス，平フライスを使用する。

6. 切削油剤

湿式加工に用いられる切削油剤には不水溶性（油）と水溶性とがあり，工具寿命や加工面性状の向上が図られる。

不水溶性切削油剤は引火の危険性があり使用には注意が必要である。

注）131頁　4．切削油剤を参照のこと

【2級関係】

1. エンゲージ角度（食付き角）

フライスの刃先が工作物に切込むときの角度をエンゲージ角度という。

図5-4-8のように正面フライスの中心が工作物の中にある場合を（＋）といい，中心が工作物の外にある場合を（－）という。

又，エンゲージ角度が大きくなると，切込み厚さが薄くなり，かつ切削点が刃先に近くなるのでチッピングが生じ易くなる。

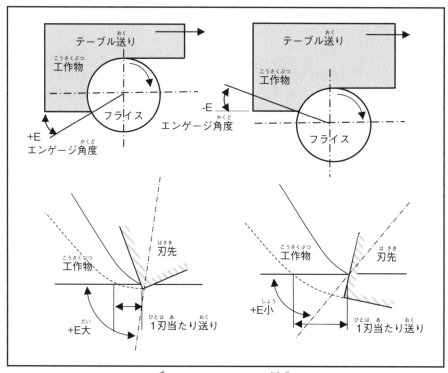

図5-4-8　エンゲージ角度

2. 工具の磨耗と損傷

切削加工で刃先に生じる工具磨耗（図5-4-9参照）や工具損傷を示す。

- ・境界磨耗：逃げ面磨耗の境界部に発生する溝状の磨耗
- ・はく離　：工具面の鱗片状の損傷（図5-4-10参照）
- ・欠損　　：工具の切れ刃の大きな欠けで，小さな欠けはチッピング
  （図5-4-11参照）
- ・破損　　：チップ全体におよぶ破壊（図5-4-11参照）
- ・塑性変形：切れ刃が戻らない変形をした状態（図5-4-12参照）
- ・き裂　　：切削により刃部に生じたき裂及び割れ，クラックともいう。
  （図5-4-13参照）

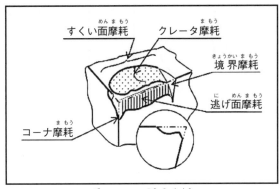

図5-4-9　工具磨耗

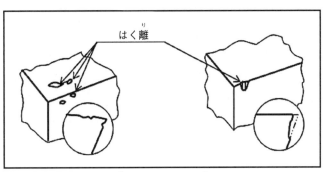

図5-4-10　はく離

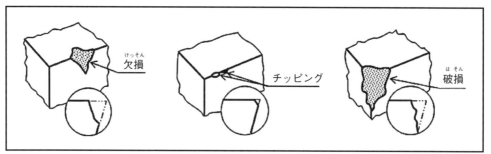

図5-4-11　欠損・チッピング・破損

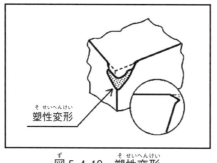

図5-4-12　塑性変形

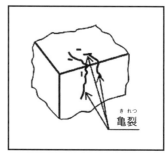

図5-4-13　き裂

<参考>　溶着，構成刃先とは：
・溶着
　　切削中に被削材の一部が刃部に付着すること。凝着ともいう。
・構成刃先
　　金属加工において，工作物の一部分が切削工具の先端に堆積溶着して，元の刃先に代わって新たな刃先が構成されたような状態で，一般的には加工が不安定になる。

第 5 章　確認問題

以下の問題について，正しい場合は○，間違っている場合は×で解答しなさい。

（1）　フライス盤は，主軸に取り付けた刃物を回転させ，工作物を移動させて切削する機械である。

（2）　立てフライス盤は，側フライスという工具を使った溝加工に適している。

（3）　横フライス盤の主軸正回転は，機械正面からみて時計回りである。

（4）　主軸回転数は工作物の材質が同じなら，工具の直径が変わっても同じ回転数でよい。

（5）　機械式のバイスは，専用のハンドルで締めた後に，ハンマやパイプなどでさらに締めつける必要がある。

（6）　バックラッシとは，歯車間の隙間のことである。隙間があると，がたつきや寸法の誤差の原因になるので，隙間を無くしてしまう。

（7）　小径のドリルでは，切りくずを排出する溝が狭いので，頻繁に切りくずを取り除く必要がある。

（8）　エンドミルのサイズが合えば，ドリルチャックに取付けて加工しても良い。

（9）　右刃・左ねじれのエンドミルは主軸を正回転で用いる。

（10）　高速度鋼の工具は，超硬合金より切削速度を高く設定が出来る。

（11）　送り速度とは，フライスの単位時間当たりの送り運動方向の移動量である。

（12）　同径エンドミルで，回転数が同じで刃数が多い工具に変えると，1刃当たりの送りは小さくなる。

（13）　仕上げ削りでは，回転数，送り速度を速くしたら，切り込み深さも深くできる。

（14）　下図のフライス加工は，下向き切削となっている。

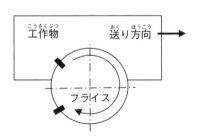

（15）　2枚刃のエンドミルで，回転数を1000min^{-1}で1刃あたりの送りを0.2mmにしたい場合，送り速度は200mm/minにする。

第5章　確認問題の解答と解説

（1）　○

（2）　×　（理由：側フライスという工具を使うのは横フライス盤）

（3）　×　（理由：主軸の正転方向は，Z軸プラス側からマイナス側を見て時計回り。）

（4）　×　（理由：工具の直径が変われば回転数を変えなければいけない。）

（5）　×　（理由：バイス専用のハンドルの長さが，バイスの締付け力に合わせて作られているので，それ以上に締め付けてはいけない。）

（6）　×　（理由：歯車をスムーズに動かすためには，バックラッシ（遊び）が重要で，バックラッシ（遊び）がないと歯車は動かない。）

（7）　○

（8）　×　（理由：ドリルチャックは，締付け力や横からの力に弱いので使わない。）

（9）　○　（理由：右刃は主軸正回転，左刃は逆回転に用いる。）

（10）　×　（理由：切削速度は高く設定できる順番に，サーメット，超硬合金，高速度鋼になる。）

（11）　○

（12）　○

（13）　×　（理由：切り込み深さは少なくする。）

（14）　○

（15）　×　（理由：1000×0.2×2＝400mm/min）

— 174 —

第6章　金属材料

第1節　金属材料の種類

　機械加工で用いられる材料は，様々なものがあるが，その大部分を占めるのが金属材料である。金属材料は，大きく分けると，鉄を主成分とする鉄鋼材料と，銅やアルミニウム等の鉄以外の金属を主成分とする非鉄金属材料に分類される（図6-1-1参照）。

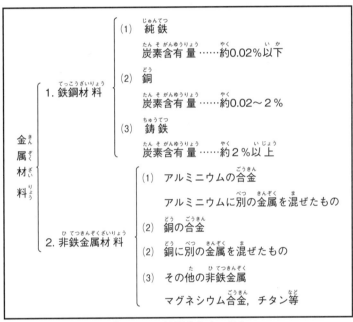

金属材料
　1. 鉄鋼材料
　　(1)　純鉄
　　　炭素含有量……約0.02%以下
　　(2)　鋼
　　　炭素含有量……約0.02～2%
　　(3)　鋳鉄
　　　炭素含有量……約2%以上
　2. 非鉄金属材料
　　(1)　アルミニウムの合金
　　　アルミニウムに別の金属を混ぜたもの
　　(2)　銅の合金
　　(2)　銅に別の金属を混ぜたもの
　　(3)　その他の非鉄金属
　　　マグネシウム合金，チタン等

図6-1-1　金属材料の分類

　一般に金属材料は，不純物の無い単体の金属で用いられることは少なく，ほとんどの場合，他の元素を添加した合金として用いられる。金属や合金は，次のような金属的性質を持っている。

　　・常温では固体である（水銀を除く）。
　　・板や線のように薄く細く伸ばすことができる
　　・不透明で特殊な色と輝くような光沢（金属光沢）がある。
　　・熱や電気をよく伝える

　金属材料として重要な性質は，強さ，硬さ，粘り強さ（じん性），の他，密度，比熱，溶融点，膨張係数及び耐食性等であるが，これらの性質は，合金の成分や配合を調整す

ることでより広範囲に変化させることができる。

1. 鉄鋼材料

　鉄は地球上に比較的多く存在する金属であるが，不純物が少ない純粋な鉄（純鉄）だけでは非常に軟らかいため，工業材料としては使いにくい。従って，その多くは他の元素を添加した合金として使用される。添加される元素のうち，鉄の性質に最も大きな影響を与えるのが炭素であり，特殊な用途で用いられる純鉄以外は，鉄には必ず炭素が含まれる。炭素を含有した鉄のことを炭素鋼，または鋼（Steel）と呼ぶ。

　炭素鋼は，含まれる炭素の量（約0.02%〜2%）で材料の性能が変化する。特に強度や硬さといった金属材料として求められる性能に大きく影響する。炭素を含む量が多いと材料は硬くなるが，その反面，じん性が低下し脆くなる。つまり，硬さとじん性は，常に反比例の関係にあることが一般的で，鉄鋼系の材料を選ぶ際は，両者のバランスを考えて，用途に応じたものを選定する。

　鉄鋼材料で主に用いられるのは鋼である。鋼は，含有する元素，用途，製造法等によって，表6-1-1に示すように分類される。

表 6-1-1　鋼の分類

分類の方法	種類	内容・用途	使用例
元素	炭素鋼	・主に炭素だけを含む鋼 ・機械部品や包丁の刃先等	
	合金鋼	・炭素以外の元素を加えた鋼 ・締結用工具の本体等	
用途	工具鋼	・切削用工具等	
	ばね鋼	・ばね等	
	軸受鋼	・転がり軸受等	
	マンガン鋼	・耐衝撃性や耐摩耗性が必要な機械部品等	
	ニッケルクロム鋼	・耐熱性が必要なボイラー等の圧力容器等	
	ステンレス鋼	・耐腐食性が必要な部品等。	
製造法	圧延鋼材品	・圧延機で熱間圧延して作られた鋼製品 ・アングル鋼やチャンネル鋼等	
	鍛鋼品	・鋼のかたまりを鍛錬した鋼製品 ・電車の車輪や車軸等	
	鋳鋼品	・鋳型に入れて鋳物としてつくられた鋼製品 ・クローラー等	

2. 非鉄金属材料

　非鉄金属とは，鉄以外の金属の総称で，鉄とその合金である鋼を除く金属のことである。その生産量は，鉄の生産量に比べ少ないことから，1つのグループにまとめて非鉄金属と呼ばれており，アルミニウム等の軽金属，銅や亜鉛等のベースメタル，レアメタル，レアアース，金銀等の貴金属に分類できる。

　非鉄金属材料は，工業材料として様々な分野で利用されており，硬貨の材料から，携帯電話やパソコン等の電子機器，産業機械の部品，建築材料，自動車や航空機に至るまで，広い範囲で重要な素材となっている。中でも多く用いられているのが，アルミニウムや銅を主成分とした合金である。その他にも，マグネシウムや亜鉛，チタン等を主成分とした合金は，近年注目されており，その利用範囲も広がっている。表6-1-2に主な非鉄金属材料を示す。

　金属材料は，製品を作るのに適したいろいろな性質を持っている。主なメリットをあげると，

- ・可溶性…高温で溶けて液状になり，冷却すると固まる。
- ・可鍛性…加熱して外から力を加えると変形しやすくなる。
- ・展延性…板や線状に伸ばすことができる。
- ・切削性…切削することができる。

の4つである。このメリットを最大限に利用して，製品の用途や加工方法等を考慮した上で，加工に適した金属材料が選定される。

表6-1-2　よく使われる非鉄金属材料

種類		内容・用途	使用例
アルミニウム合金	Al-Mn 系合金	・のばしたり，曲げたりしてもちぎれにくいが，切削しにくい ・飲料の缶等	
	Al-Cu 系合金	・ジュラルミンと呼ばれ，切削性良 ・ケース等	
	Al-Zn-Mg 系合金	・超々ジュラルミンと呼ばれ，鋼材に近い強度を持つ ・航空機の機体等	
銅合金	無酸素銅 （純銅）	・導電性や熱伝導性が良い ・電気配線コード等	
	黄銅 （Cu + Zn）	・真鍮とも呼ばれ，金色に近い黄色 ・バルブや配管等	
	快削黄銅 （黄銅＋ Pb）	・切削性良 ・ねじやナット等	
	青銅 （Cu + Sn）	・砲金 ・水道の蛇口等	
	白銅 （Cu + Ni）	・銅合金の中ではいちばん硬い ・硬貨等	
その他の非鉄金属材料	マグネシウム合金	・軽量で強度も高く，切削性良 ・ノートパソコンの本体等	
	亜鉛合金	・低融点 ・形状が複雑であまり強度を要しない鋳物 ・自動車等の部品	
	チタン合金	・軽量で強度も高く耐食性にも優れる ・ゴルフクラブのヘッド等	

第2節　金属材料の機械的性質

　機械加工を学ぶ上で，製品に外部から力が加わったときにどのように変形し，破損するまでにどれくらいの力に耐えられるか等，材料の強さの基礎的な知識が必要になる。これを機械的性質，または機械特性という。これは，材料がその種類の違いにより引張・圧縮・せん断等の外力に対してどの程度の耐久性を持つか等の諸性質で，機械加工のしやすさ，加工された工業製品の耐久性等の尺度となる。ここでは，機械的性質を判断する代表的な試験として，引張試験と硬さ試験について述べる。

1. 引張試験

　引張試験とは，試料に外力を加え，引張強度，降伏点，伸び，絞り等の機械的性質を測定する試験である。表6-2-1 にその種類を示す。また，引張試験には，図6-2-1 に示すような引張試験機を使用する。

表6-2-1　引張試験の種類

	種類	内容	イメージ
1	引張強さ	試験中の最大引張荷重を試験前の平行部の断面積で割った値 （N/mm^2）	
2	耐力	材料が耐えられる力の限界点 （N/mm^2）（材料は耐力の値を超えると破断する）	
3	伸び	試験片がちぎれたときの伸びた長さを試験前の長さに対する百分率 （%） で表したもの	
4	絞り	試験片がちぎれたときの最小断面積を試験前の断面積に対する百分率 （%） で表したもの	

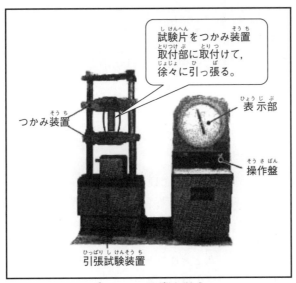

図6-2-1　引張試験機

　引張試験を行うときは，引張試験片を引張試験機のつかみ装置取付部に取り付けて，徐々に力を加えていく。この時に用いる引張試験片は，試験をする材料の形状（板，棒，線等）によって19種類が定められている。代表的な1号試験片と4号試験片の例を図6-2-2に示す。

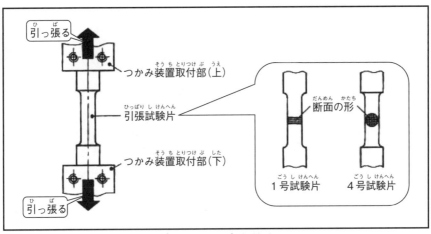

図6-2-2　引張試験片

2. 硬さ

　材料の硬さは，材料に他の物体を使って押しつけたとき，その材料の変形と抵抗力で知ることができる。実際の機械加工では切削工具の選定，加工スピードの設定に影響する。

　硬さ試験には，押込み硬さ（ブリネル硬さ，ビッカース硬さ，ロックウェル硬さ等）と反発硬さ（ショア硬さ）の2種類がある。表6-2-2にその例を示す。

表6-2-2　硬さ試験の種類

種類		内容	測定方法
押込み硬さ試験	ブリネル硬さ試験	試験片に鋼球（または圧子）を外圧で押し込み，そのときにできる"くぼみ"の表面積を測定。薄物や完成品には不向き。	超硬合金の球圧子／くぼみの面積
	ビッカース硬さ試験	試験片の表面に正四角錐のダイヤモンド圧子を押し込む方法。材料の大小にかかわらず，全ての金属に使用できるので，硬さ試験の中で最も汎用性が高い。	くぼみの対角線の長さ／正四角錐のダイヤモンド圧子
	ロックウェル硬さ試験	試験片に圧子を押し込んで，くぼみの深さを測定する方法。	くぼみの深さ／円錐のダイヤモンド圧子
反発硬さ試験	ショア硬さ試験	おもりを一定の高さから材料に落下させ，おもりの跳ね返る高さを測定する方法。原則として5回連続した結果の平均値を求める。	試験片に当たって跳ね上がった時の高さ／ダイヤモンドのおもり

第3節　鋼の熱処理

　鋼は，加熱や冷却することにより，目的にあわせて性質を改良・向上させることができる。これを熱処理という。熱処理を行うと，鋼は硬くなったり，逆に軟らかくなったりする。熱処理の方法には，焼なまし，焼ならし，焼入れ，焼戻し，表面硬化等がある。

1. 焼なまし

　焼なましとは鋼を加熱し，ある一定の温度を保ちつつ炉内でゆっくり冷やして，軟らかく伸びやすくすることをいう。焼なましは，鋼の内部にあるひずみを除去するのによく使用する。

2. 焼ならし

　焼ならしとは，鋼を加熱し，空気中で自然に冷やして材料の組織を全体的に均一な状態にすることをいう。これによって，鋼は硬くも軟らかくもなく適当な硬さになるため，摩耗に強く，被切削性も向上する。

3. 焼入れ

　焼入れとは，鋼を加熱した後，水または油で急冷して硬くすることをいう。焼入れした鋼は硬くはなるが，脆くなるという欠点がある（図6-3-1参照）。

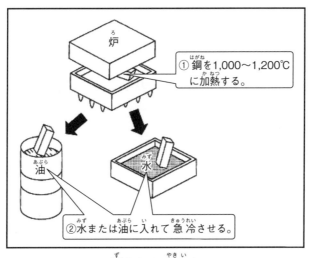

① 鋼を1,000～1,200℃に加熱する。

油

水

②水または油に入れて急冷させる。

図6-3-1　焼入れ

4. 焼戻し

　焼戻しとは，焼入れした金属をもう一度加熱して，粘りを持たせ，じん性を向上させることをいう。これによって，硬さと粘り強さをもった金属ができる。焼戻しには，高温焼戻しと低温焼戻しがあり，高温焼戻しは，500〜600℃で行い，多少硬さを犠牲にしてもねばり強さが必要なペンチやスパナ等の工具を対象とする。低温焼戻しは，150〜200℃で行い，硬さと耐摩耗性を必要とするバイトやエンドミル等の切削工具等を対象とする。

【2級関係】
1. 表面硬化

　歯車やクラッチ等の機械部品では，表面は硬く摩耗に耐えると同時に，内部は粘り強くて衝撃にも耐える必要がある。このような部品は，低炭素鋼を用いて加工したのち，その表面だけを硬化させる熱処理を行う。これを表面硬化といい，高周波焼入れ・火炎焼入れ・浸炭・窒化等がある。

　これらを行うと，鋼の表面が硬くなり，摩耗や疲労に対して強くなる。

(1) 高周波焼入れ

　鋼の表面だけに電流を流して加熱し，冷却する方法。

(2) 火炎焼入れ

　電流の代わりに火炎を使う方法。

(3) 浸炭

　低炭素鋼の表面に炭素を染み込ませ，表面だけを高炭素鋼の状態とし，焼入れして表面を硬くする方法。

(4) 窒化

　鋼の表面に窒素を染み込ませる熱処理で，鋼に窒素が入るとそれだけで硬くなるので後の処理は不要となる。

第4節　材料力学

　材料力学とは，材料に力がかかった時にどのように変形したり，影響を及ぼしたりするかを検討する学問である。機械や構造物を設計する上で，その強さや変形量を計算し，最適な材料や形状，及び寸法を決定することが主な目的である。

1. 荷重，応力及びひずみ
(1) 荷重及び応力の種類

　荷重とは，機械や構造物に外部からかかる力のことをいう。荷重は，表6-4-1に示すような荷重がかかる方向による分類と，表6-4-2に示すような荷重がかかる状態による分類がある。

表6-4-1　荷重がかかる方向による分類

荷重の種類	内　容	図
引張荷重	物体を引き伸ばす方向に働く荷重	
圧縮荷重	物体を押し縮める方向に働く荷重	
曲げ荷重	物体を円弧状にたわませる方向に働く荷重	
せん断荷重	物体を引きちぎる方向に働く荷重	
ねじり荷重	物体をねじる方向に働く荷重	

表6-4-2　荷重がかかる状態による分類

荷重の種類		内　容
静荷重		一度荷重がかかるとそれが静止して，荷重がかかり続ける状態のもの
動荷重	繰返し荷重	一方向の荷重が連続的に繰返す状態のもの
	交番荷重	方向が逆の荷重が交互に繰返し働く状態のもの
	衝撃荷重	荷重が瞬間的にかかる状態のもの

　また，機械や構造物等の物体に荷重がかかると，物体はわずかに変形するとともに，物体の内部には，その荷重に抵抗する力が働く。これを応力という。応力は，物体が引張荷重を受けるときに，物体内部に生ずる引張応力，圧縮荷重を受けるときに，物体内部に生ずる圧縮応力，及び物体がせん断荷重を受けるときに，物体内部に生ずるせん断応力の3種類がある。これらは一般に，単純応力と呼ばれる。
　その他として，物体に曲げ荷重をかけると，物体には，図6-4-1のような引張応力と圧縮荷重が同時に生じる。このような応力を曲げ応力と呼んでいる。

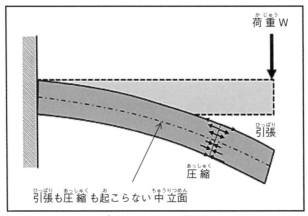

荷重 W

引張

圧縮

引張も圧縮も起こらない中立面

図6-4-1　曲げ応力

(2) 荷重，応力，ひずみ及び弾性係数の関係

　応力は，任意の断面にかかる単位面積当たりの荷重である。図6-4-2に示すような断面積が A（mm²）の丸棒に，大きさ P（N）の引張荷重をかけたとき，丸棒に生ずる応力 σ（MPa）次のように計算される。

$$\sigma = \frac{P}{A}$$

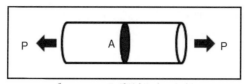

図 6-4-2　引張応力の計算

　次に，引張荷重をかけた丸棒は，その内部に応力を生ずるとともに，図 6-4-3 に示すようにわずかではあるが変形し長くなる。この変形をひずみといい，元の長さに対する変形量を百分率（％）で表す。丸棒の元の長さを L_0 (mm)，荷重をかけたときの長さを L (mm) とすると，ひずみ ε は以下のように計算される。

$$\varepsilon = \frac{L - L_0}{L_0}$$

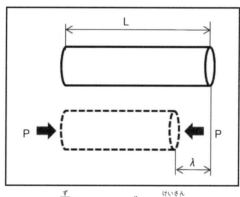

図 6-4-3　ひずみの計算

　また，以下の式で表される E は弾性係数と呼ばれ，材料の性質を表す重要な数値となる。

$$E = \frac{\sigma}{\varepsilon}$$

(3) 応力 −ひずみ線図
　応力 −ひずみ線図とは，材料の引張試験を行った時に得られる応力とひずみの関係を示した図である。鋼の引張試験を行った時の結果例を図 6-4-4 に示す。試験開始直後は，荷重を増やすとともに応力，ひずみともに比例関係のまま増加するが，ある限度を超えるとひずみは増加しているにもかかわらず荷重がわずかに減少する点が現れる。これを降伏点と呼び，鋼の特徴的な現象として知られている。また，試験開始から降伏点までを弾性領域と呼び，この領域内であれば，荷重をかけるこ

とをやめると材料は元の形状に戻る。しかし，降伏点を超えるまで荷重をかけると，荷重をかけることをやめても元の形状に戻らなくなる。この領域を塑性領域といい，このまま荷重をかけ続けると，材料は破断に至る。

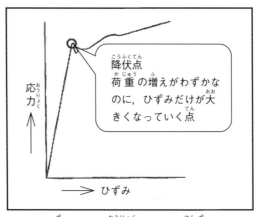

図6-4-4　応力－ひずみ線図

(4) 応力集中

物体に力が負荷されると，物体内部に応力が生ずる。一般に，内部の応力の分布は一様ではなく，力の負荷の仕方や物体の形状によって，応力は場所ごとに変化する。特に，穴や溝，段といった一様な形状が変化する部分では応力分布が乱れ，形状変化部の前後に比べて局所的に応力が増大する。このような現象を応力集中と呼ぶ。

例えば，図6-4-5に示すような棒に引張荷重をかけることを考える。左図は断面が一様な棒であるが，右図は中央部分が細くなっている。これらに引張荷重をかけると，当然のことながら右図の棒のほうが小さい荷重で破断し，その破断は中央部の細くなっている部分であることは容易に察しが付く。これは，中央部の細くなっている部分に，応力集中が生じているためである。

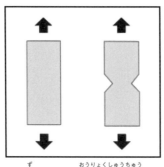

図6-4-5　応力集中

2. 安全率

　機械や構造物等の物体を設計する際は，物体にかかる応力を正確に見積ることは困難であるため，ある程度の余裕を持たせる。これを安全率（安全係数）と呼ぶ。例えば，ある物体の破壊強度が100MPaで，製品に掛かると想定される最大応力が25MPaであったとすると，安全率は4となる。

　安全率を高くとると，想定外の荷重や材料品質のばらつき，内部欠陥などの不確定要素に対する信頼性が上がる。一方で，必要以上に安全率を高くすると，物体は大きくなり，重量が増すとともにコスト高になる。

3. 金属材料の疲労

　金属材料は，荷重の種類を問わず，繰返しの荷重がかかることにより，いずれは破断や破損に至る。これを金属材料が疲労する，あるいは金属疲労と呼ぶ。例えば，細い針金を何度も曲げたりもどしたりしているうちに切れる（破断）が，これは針金が金属疲労を起こしているからである。表面の小さな傷や欠陥がある場合，ここで応力集中を起こすので，疲労はさらに促進される。これを避けるには金属表面を滑らかにし，小さな傷を無くすることで予防できる。

第6章　確認問題

以下の問題について，正しい場合は○，間違っている場合は×で解答しなさい。

（1）金属材料は，鉄鋼材料と非鉄金属材料に分類される。

（2）鉄鋼材料で，炭素を2％以上含むものを鋼という。

（3）非鉄金属材料は，鉄鋼材料に比べて軽く，錆びにくい。

（4）引張試験における伸びは，破断した試験片の長さから試験前の長さを引いたものである。

（5）引張試験には，引張試験機を使う。

（6）ショア硬さ試験は，おもりの跳ね返る高さを測定する。

（7）焼入れを行うと材料が硬くなるが，もろくもなるので，焼きなましを行う。

（8）機械加工で使われる金属材料は，鉄鋼材料だけである。

（9）材料の機械的性質は，引張強さ，硬さ，せん断，ねばり強さがある。

（10）金属の熱処理とは，加熱して柔らかくすることである。

（11）物体を引きちぎる方向に働く荷重を，せん断荷重という。

（12）断面積が10mm^{2}の丸棒に30Nの引張荷重をかけたとき，丸棒に働く応力は2MPaである。

（1）　○

（2）　×　（理由：炭素を2％以上含むものを鋳鉄という。）

（3）　×　（理由：非鉄金属材料には，鋼よりも密度が高い銅や鉛なども含まれ，鉄鋼材料よりも重くなるものがあります。また，マグネシウム合金など，鉄鋼より錆びやすいものがあります。）

（4）　×　（理由：破断した試験片の長さを試験前の長さの百分率で表したもの。）

（5）　○

（6）　○

（7）　×　（理由：焼入れのあとは，焼戻しを行う。）

（8）　×　（理由：鉄鋼材料と非鉄鋼材料がよく使われる。）

（9）　○

（10）　×　（理由：軟らかくすることもできるが，加熱したものを冷却して硬くしたり，粘り強くしたりすることもできる。）

（11）　○

（12）　×　（理由：応力は荷重／断面積であるので，この場合は30/10＝3 MPaとなる。）

第7章　製図

第1節　図面

　機械加工は，図面を見ながら行う。与えられた図面の内容が理解できなければ，加工することはできない。図面の内容を理解するには，図面を描いてみるのが最も効果的である。

　図面を描くことを"製図"という。図面は，物体を形や内部構造がはっきりと理解でき加工しやすいように平面に表した"図形"に，寸法等の必要事項を書き加えたものである（図7-1-1参照）。

　実際の図面上には，立体を平面に表した図形以外に表題欄が右下に設けられる。表題欄には，次のような内容が記入されている（図7-1-2参照）。

① 図面の管理について…図面番号，図名，企業（団体）名，図面作成者，図面作成日
② 図面の内容について… 尺度，投影法 （第三角法の記号）

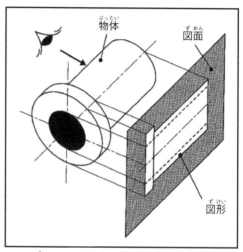

図7-1-1　立体を平面に表す方法

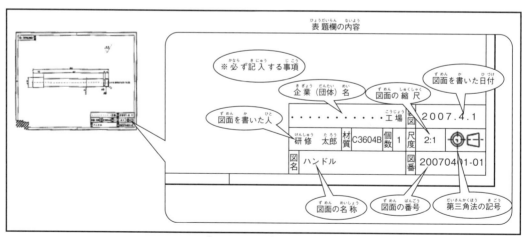

図7-1-2　表題欄の例

第2節　図の表示

1. 投影及び断面

(1) 投影図

　投影図とは，物体を平面に描いた図をいう。投影図は，第三角法という方法で描くのが一般的である。また，物体の形を最もよく表す面を正面図として描く（図7-2-1(a)参照）。正面図を中心にすると，図7-2-1(b)に示すように左右に側面図や背面図，上に平面図，下に下面図の投影図を描くことができる。しかし，投影図を全て描く必要はない。そこで第三角法では図(b)の点線内のように正面図，平面図及び側面図のみで表している。

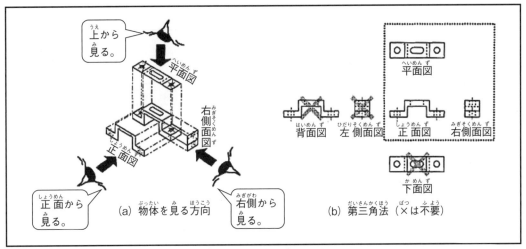

図 7-2-1　投影図の配置

(2) 主投影図

　主投影図とは，物体の形を最もよく表した図である。主投影図は，一般的に正面図を使う。主投影図だけで物体の形が理解できるときは，他の投影図は使わない。例えば，図7-2-2では，図(a)で物体を十分イメージできるので，他の図は要らない。

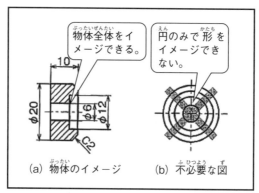

図 7-2-2　不必要な投影図

　主投影図は加工物を加工する工程によって，その向きを変えて表す（図 7-2-3 参照）。

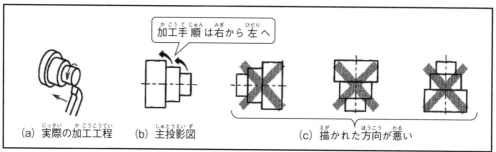

図 7-2-3　旋盤で部品を削る場合の主投影図の事例

(3)　断面図

　断面図とは，外部から見えない部分を切断したように，その断面を描いた図である。
断面部分は斜線を使ってハッチングを施す（図 7-2-4 参照）。

図 7-2-4　断面図

2. 線の種類

　図面には，各種の線が使われる。よく使われる線の種類を表7-2-1に示す。

表7-2-1　線の種類（JIS Z8316：1999に規定）

名称	種類		用途
①外形線	太い実線	────────	対象物の見える部分の形状を表すのに使う。
②寸法線	細い実線		寸法を記入するのに使う。
③寸法補助線		────────	寸法を記入するために図形から引き出すのに使う。
④引出線			記述・記号等を示すために引き出すのに使う。
⑤かくれ線	細い破線または太い破線	-------------------	対象物の見えない部分の形状を表すのに使う。
⑥中心線	細い一点鎖線	─・─・─・─・─	図形の中心を表すのに使う。
⑦想像線	細い二点鎖線	─‥─‥─‥─	加工前，または加工後の形状を表すのに使う。
⑧破断線	不規則な波形の細い実線，またはジグザグ線	〜〜〜〜 ／／／	対象物の一部を破った境界，または一部を取り去った境界線を表すのに使う。
⑨切断線	細い一点鎖線で，端部及び方向の変わる部分を太くしたもの	─・─┐_┌─・─	断面図を描く場合，その切断位置を対応する図に表すのに使う。
⑩ハッチング	細い実線で，規則的に並べたもの	//////	図形の限定された特定の部分を他の部分と区別するのに使う。例えば断面の切り口を示す。

　これらの線を使った実際の図面例を図7-2-5に示す。

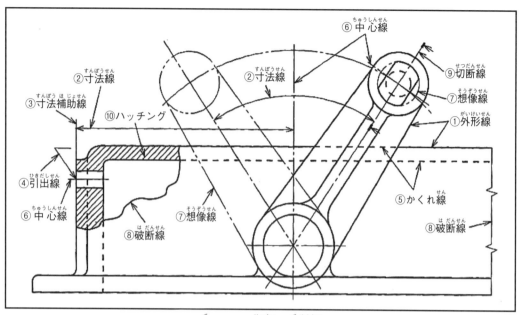

図7-2-5 実際の図面例

3. ねじの略画法

　物体を正確に描いた図がそのまま機械加工に役立つとは限らない。例えば，図7-2-6のねじの図は，ねじそのものの形を外観的に表しているが，加工のための図面とはいえない。そこで，図7-2-7に示すような略画法が使われる。

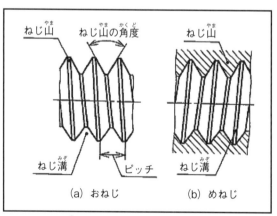

図7-2-6 正確に描いたねじ

　略画法は，次の点に注意して作成される。

(1) 外径，内径及び谷径の表示（図7-2-7参照）

① おねじの外径（めねじの内径）の表示…太い実線を用いる。
② おねじの谷径（めねじの谷径）の表示…細い実線を用いる。

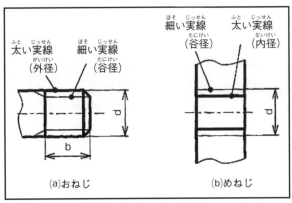

図7-2-7　省略して描いたねじ

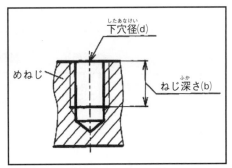

図7-2-8　止まり穴

(2) 止まり穴（貫通していない穴）の表示

ねじ深さ(b)と下穴（あな）径(d)を記入する（図7-2-8参照）。

(3) 組み立てられたねじの表示

おねじが，めねじを隠すように描く（図7-2-9参照）。

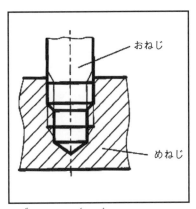

図7-2-9　組み立てられたねじ

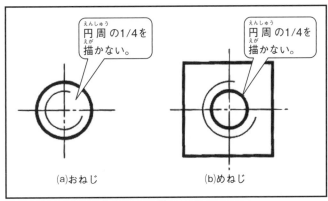

図7-2-10　端から見たねじ

(4) ねじを端から見た表示

ねじの谷径を表す細い実線は，円周の3/4程度を描き，右上の1/4を描かない（図7-2-10参照）。

(5) 小径のねじ

次の場合には，図示及び／又は寸法指示を簡略にしてもよい。

・直径（図面上の）が，6 mm 以下
・規則的に並ぶ同じ寸法の穴又はねじの表示（図7-2-11 参照）

図形や寸法指示を省略して表してもよい。

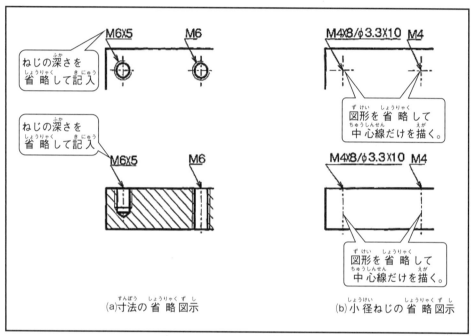

(a)寸法の省略図示　　　　　　　　　(b)小径ねじの省略図示

図 7-2-11　ねじの省略図示

第3節　寸法記入法

　寸法は，寸法線・寸法補助線・寸法補助記号等を使って，寸法数値を記入する（図7-3-1参照）。

1.　寸法線及び寸法補助線の引き方
　①　寸法線は，指示する長さ，または角度を測定する方向に平行に引き，線の両端には端末記号（矢印等）を付ける。
　②　寸法補助線は，指示する寸法の端（図形上の点，又は，線の中心）を通り，寸法線に直角に引く。

2.　長さ，位置及び，角度の記入方法
　①　長さ寸法と位置寸法は，長さの単位をミリメートル（mm）で表し，数字だけを記入する。数字が3けた以上になってもコンマ（,）で区切らない。
　②　角度寸法は，度（°）で表し，数字の右肩に角度の記号（°）を記入する。

3.　寸法数値の記入方法
　寸法数値は，図面の下，又は，右から読めるように寸法線の少し上側の中央に記入する。

4.　端末記号の記入方法
　端末記号は，寸法線の両端に付ける記号で，一般的に開いた矢印（開き矢）が使われる。

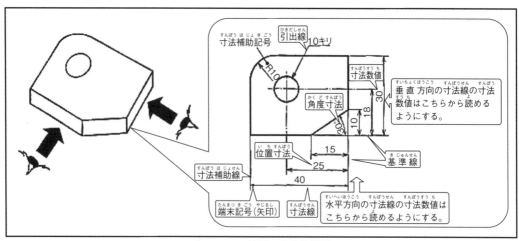

図7-3-1 寸法の表示方法

<参考> 寸法記入する場合の注意:
① 寸法には，寸法の許容範囲を示す。
② 行程ごとにまとめて記入する。
③ 加工時の仕上がり寸法を記入する。
④ 主投影図に集中させる。
⑤ 同じ箇所の同じ寸法を2回使わない。
⑥ 作業者が加工箇所の寸法を計算しなくて済むように必要寸法を記入する。
⑦ 基準となる点，線，及び面を決めて，これを基にして記入する。
⑧ 参考寸法（測定しない寸法）は，寸法数値に（　　）を付ける。

5. 寸法補助記号の記入方法

寸法補助記号とは，寸法が加工物の直径なのか，半径なのか，厚さなのか等をはっきりさせるための記号である。表7-3-1のような記号を寸法数値の前に付け加える。

表7-3-1 寸法補助記号

記号	読み方	使い方
φ	まる	直径を表す。
R	あーる	半径を表す。
t	てぃー	板等の厚さを表す。
C	しー	45°の面取りを表す。

tとCは日本独自の記号である。

—200—

(1) φ：直径

　直径の記号は，φで表す（図7-3-2(a)，(b)）。ただし，次の場合は省略できる。

① 明らかに円形だと判断できる（図7-3-2(c)）

② キリ，リーマ等の文字で加工方法を指示されている（図7-3-2(d)）

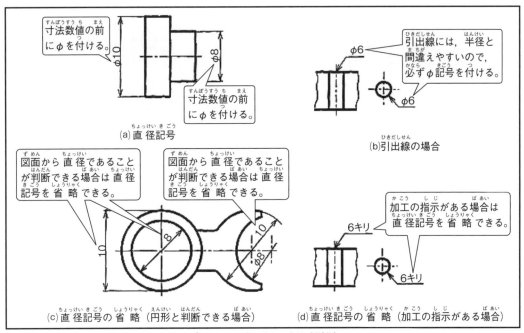

図7-3-2　直径の記入方法

(2) R：半径

　半径記号は，Rで表す（図7-3-3(a)）。ただし，半径を表す寸法線を円弧の中心まで引く場合は，Rを付けない。また，半径の寸法線は，図7-3-3(b)に示す方法もある。

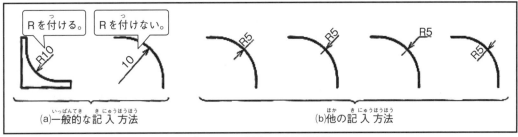

図7-3-3　半径の記入方法

(3)　t：厚さ

厚さの記号はtで表す（図7-3-4参照）。厚さの数値はtの後に示す。

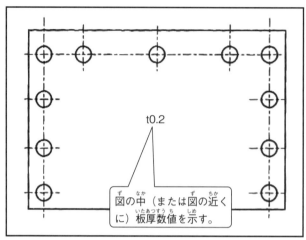

t0.2

図の中（または図の近くに）板厚数値を示す。

図7-3-4　厚さの記入方法

(4)　C：面取り

工作物の面取りは，一般的な寸法の記入方法で示す（図7-3-5参照）。

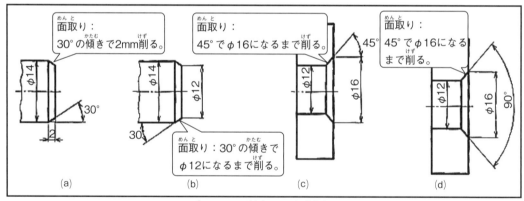

面取り：
30°の傾きで2mm削る。

φ14

30°

2

(a)

面取り：
30°の傾きでφ12になるまで削る。

φ14

φ12

30°

(b)

面取り：
45°でφ16になるまで削る。

φ12

φ16

45°

(c)

面取り：
45°でφ16になるまで削る。

φ12

φ16

90°

(d)

図7-3-5　面取りの表示例

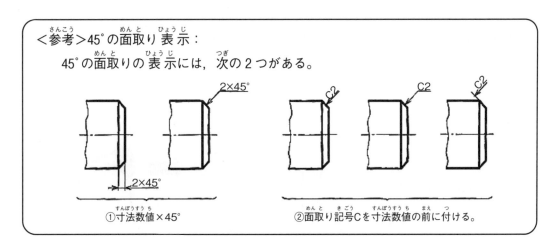

<参考>45°の面取り表示:
　45°の面取りの表示には，次の2つがある。

2×45°

C2　　C2　　C2

2×45°

①寸法数値×45°　　　　　②面取り記号Cを寸法数値の前に付ける。

6.　図示記号

　工作物の"表面粗さ"や"うねり"を図面に表すには，図7-3-6(a)のような✓記号を用いる。

　工作物の表面をどのように加工するかを指示する場合には，図7-3-6(b)，図7-3-6(c)に示すように，✓記号に－及び〇を付け加える。

　また，加工方法等を指示する場合には，図7-3-6(d)のように✓記号の長い斜線の先に水平線を加え，加工方法等を示す。

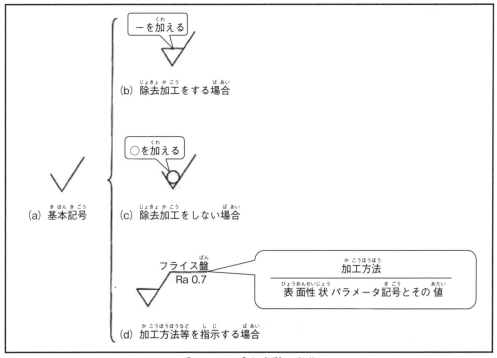

－を加える

(b)　除去加工をする場合

〇を加える

(a)　基本記号

(c)　除去加工をしない場合

フライス盤
Ra 0.7

加工方法

表面性状パラメータ記号とその値

(d)　加工方法等を指示する場合

図7-3-6　図示記号の指示

<参考>部分的に表面状態が異なる場合の図示方法例：
① 表示の方法……図面の下側（又は右側）から読めるように示す。

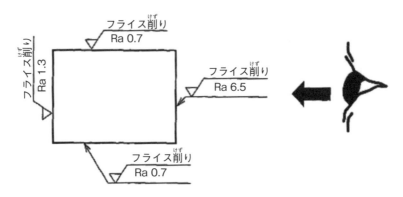

② 全ての面を同じ表面状態で加工する場合……図示記号を主投影図の近くに記入する。

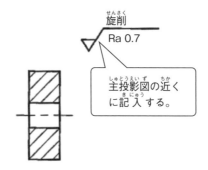

③ 一部の面が異なる場合……大部分の表面状態を図示した後に一部異なる面について（　）に示す。さらに，異なる面にも（　）内と同じ表示をする。

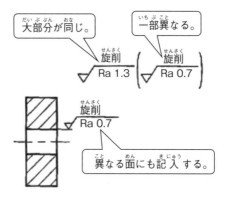

溶接記号の記入方法（表7-3-2参照）

溶接部の説明線

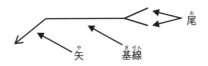

尾

矢　　基線

表7-3-2　溶接記号（JIS Z3021－2016　表 1 に規定）

溶接の種類	記号 （破線は基線を示す。）	形状 （破線は溶接前の開先を示す。）
I 形開先溶接		
V 形開先溶接		
レ形開先溶接		
U 形開先溶接		
J 形開先溶接		
V 形フレア溶接		
レ形フレア溶接		
すみ肉溶接		

溶接記号と実形

下記のように基線の下側に溶接記号を入れる場合は，矢の側（矢の手前側）の溶接を意味し，基線の上側に溶接記号を入れると矢の反対側（矢の向こう側）の溶接を意味する（表7-3-3参照）。

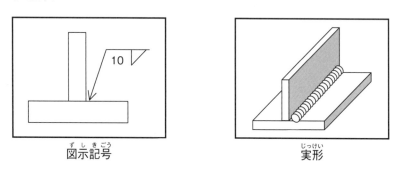

図示記号　　　　　　　　　実形

表7-3-3　溶接記号と実形

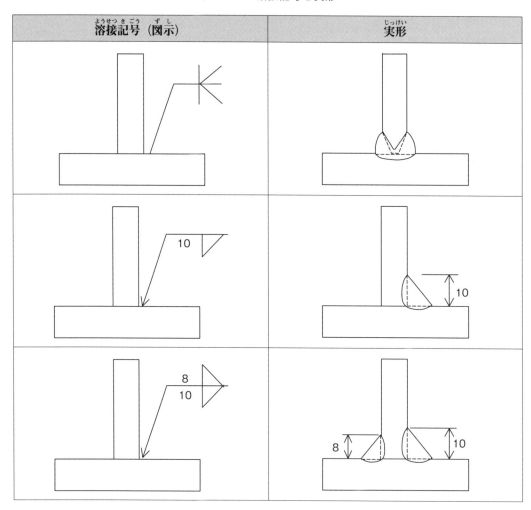

溶接記号（図示）	実形

第7章　確認問題

以下の問題について，正しい場合は○，間違っている場合は×で解答しなさい。

（1）　図面の表題欄を原則として右下に設ける。

（2）　第三角法での図面であるのを表すには，右図の記号を使う。

（3）　主投影図だけで理解できるものは，他の投影図は描かない。

（4）　ボルトやナットなどは，断面にすると形が分かりやすい。

（5）　かくれ線は，太い一点鎖線を使う。

（6）　おねじとめねじが組み立てられた状態を表すときには，右図のように，おねじが
　　　常にめねじを隠した状態で表す。

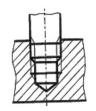

（7）　寸法は，ミリメートル（㎜）単位で記入し，3けたごとに区切る。

（8）　直径は，直径記号φで表し，寸法数値の後ろに付ける。

（9）　半径は，半径記号Rで表し，寸法数値の前に付ける。

（10）　45度の面取りは，面取りの寸法数値×45°で表すか，又は面取り記号Cを寸法数値
　　　の前に付けて表す。

（11）　図示記号は，図面の下側，又は，左側から読めるように記入する。

第7章　確認問題の解答と解説

（1）　○

（2）　×　（理由：正しい記号は，右図。）

（3）　○

（4）　×　（理由：切断すると形が分からなくなるので，切断しない。）

（5）　×　（理由：かくれ線は，太い破線を使う。）

（6）　○

（7）　×　（理由：ミリメートル［mm］単位で記入し，3けたごとに区切らない。）

（8）　×　（理由：寸法補助記号は寸法数値の前に付ける。）

（9）　○

（10）　○

（11）　×　（理由：図示記号は，図面の下側，又は，右側から読めるように記入する。）

第8章　安全衛生

第1節　安全作業

1. 工作機械・工具の危険性

(1) 工作機械作業時の安全確保

　　作業中の危険な行為によって，怪我をしたり，機械に巻き込まれて手足や身体に障害が残ったりする事故が発生している。工作機械には事故を未然に防ぐために回転部分にカバーをする等の安全対策がとられている。しかし，いくら立派な安全対策がなされていても，作業者自身の安全意識が低いと事故を防ぐことはできない。最も大事なことは，作業者の安全への意識を高めることである。

　　作業をするときは，次の点を注意する。

　　・　工作機械の回転部分（主軸，チャック等）や移動部分（送りねじ等）の動きや位置を常に確認して，衣服や工具が巻き込まれないようにする（図8-1-1参照）。

　　・　体，手，足，顔等を工作機械に近づけ過ぎない。

　　・　工作機械に加工物や工具を取り付けたり，加工物の寸法を測定したりする時は，電源を切ってから行う（電源を切らないと機械が突然動くことがある）。

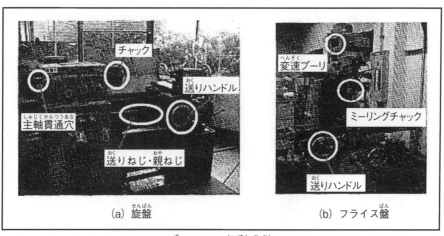

(a) 旋盤　　　　　　　　　　　　　(b) フライス盤

図8-1-1　回転部分

(2) **工具を取り扱う時の安全確保**

工具を取り扱う時は，特に次の点に注意する。

a．切削工具

・作業時に使う工具，測定器，加工物等は，定められた安全な位置に置く。

・切削中の刃物（バイト，エンドミル等）には絶対に触らない。

・切削工具の付け換えは，機械の電源を切って行う（または安全装置を作動させてから行う）。

・切削工具を掴むときは，ウエス等を巻いて行う。素手で切削工具を握らない（図 8-1-2 参照）。

・バイトやエンドミル等をポケットに入れたままで作業をしない。

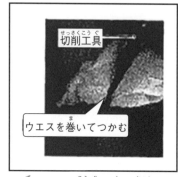

図 8-1-2　工具の取り扱い

b．取付具

バイス等の油圧を用いた取付具で，工作物を取り付けるときは，誤って指を挟まないよう注意する。

2．安全装置・保護具の性能

(1) **安全装置**

工作機械には，安全装置が備わっている。作業者は安全装置をいつでも扱えるようにしてから作業を始めること。

a．ブレーキ

回転中の主軸を急停止することができる（図 8-1-3 参照）。

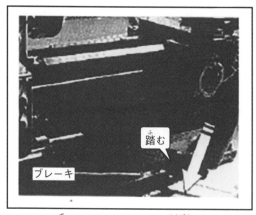

図 8-1-3　ブレーキ（旋盤）

b．非常停止押しボタン

非常停止押しボタンは，電気的に機械を動かなくすることができる。工具のつけ換えや測定をする時は，非常停止押しボタンを作動させて，機械が動かないことを確認してから行うこと（図8-1-4参照）。

図8-1-4　非常停止ボタン

c．クラッチ式ハンドル

フライス盤には，クラッチ式ハンドルがある。クラッチ式ハンドルは，自動送りでテーブルが動くときに作業者がハンドルに巻き込まれるのを防ぐための安全装置である。また，切削中に作業者の身体がハンドルに当たり，意図しない動きを防ぐ役割もある（図8-1-5参照）。

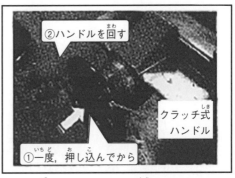

図8-1-5　クラッチ式ハンドル

(2)　保護具

超硬工具を用いて切削作業を行うと，切りくずが勢いよく飛び散る。その切りくずが周囲の人や作業者に当たると，怪我をする原因になるので，切りくずを避けるためのカバー等の保護具を用いる（図8-1-6参照）。

図8-1-6　カバー

3. 服装と作業態度

(1) 服装

作業をするに当たっては，図8-1-7で示すような点に注意し，機械工作に適した服装で作業を行う。適さない服装で作業をすると，工作機械に巻き込まれるなどの重大な事故に繋がることがあるので注意すること。

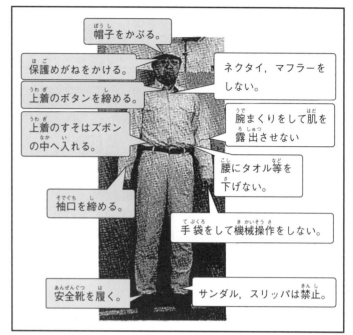

帽子をかぶる。

保護めがねをかける。

上着のボタンを締める。

上着のすそはズボンの中へ入れる。

ネクタイ，マフラーをしない。

腕まくりをして肌を露出させない

腰にタオル等を下げない。

袖口を締める。

手袋をして機械操作をしない。

安全靴を履く。

サンダル，スリッパは禁止。

図8-1-7　作業服

a. 作業服を正しく着用する。
  ・腕や脚を露出させない。
  ・ボタンやファスナーは締める。
  ・裾や袖口にたるみがないようにする。
  ・必要に応じて，帽子，ヘルメット，マスク等を着用する。
b. 保護めがねをかける。
c. 安全靴を履く。
d. 切削作業中，手袋は使用しない。

<参考>　身体の保護：

1. 目の保護 … 切りくずが目にはいると，眼球や角膜を傷付け失明をする事もある。
   作業中は必ず保護めがねをかける。
   作業後，目に違和感を感じた場合は，早めに眼科医の診察を受ける。
2. 手の保護 … 薄い金属板や先の尖った材料を運ぶ時は革手袋をするとよい。
3. 足の保護 … つま先に鉄板が取り付けられている安全靴を履く。
   （万一，重量物を落としてしまっても，つま先を保護してくれる。）

---

(2) **作業態度**

　　工作物を削るときは，図8-1-8に示すような点に注意し，下に挙げる事柄を守り，安全に作業を行うこと。また，切削条件や工具の材質によっては，工作物を削るときの切りくずが激しく飛び散るので注意する。

　　① 作業をするときは，必ず保護めがねを着用する。

　　② 主軸の回転方向には切削油や切りくず等が飛び散るので，立たないようにする。

　　③ 切削中に切りくずを取り除くときは，巻き込まれないように必ず機械を停止させてから，ハケやブラシ等を使い取り除く。

　　④ 切削したあとのバリで手を切ることがあるので，バリはやすりで取り除く。

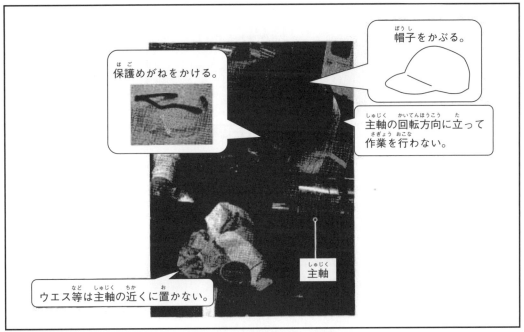

図8-1-8　切削加工時の安全

4. **整理・整頓・清掃・清潔**

　　よい仕事，よい作業をするには，整理，整頓，清掃，清潔をこまめに行う。

　　① 整理とは… 工具や工作物等を種類別，規格別に分類して，指定された場所に保管することである。不必要な切りくず等も鉄くず，アルミ，真鍮，樹脂等に分類して，指定された容器へ捨てる（図8-1-9参照）。

図 8-1-9　整理

② 整頓とは… 作業手順を考えて，工具や加工物等を取り扱いやすいように整理し，作業現場に揃えることである（図8-1-10参照）。

図 8-1-10　整頓

③ 清掃とは… 作業で使った機械や工具だけでなく，周囲の床や窓ガラスへ飛び散った切りくずや油を取り除き，安全で能率よく作業できるようにきれいにすることである。

④ 清潔とは… 作業する場所の清掃をこまめに行い，きれいに保つことである。

5．安全チェック

(1) 始業点検

　a．機械の安全点検を行う（図8-1-11参照）。

　　　加工作業を始める前に，使う機械に異常がないかを点検する。

① 機械の外観（スイッチ，ランプ，逸脱部品等はないか？）

② 潤滑油が不足していないか？

③ 各ハンドル，レバー等が滑らかに操作できるか？

④ 機械を駆動させたときに，モータや歯車，ベルト等から異常音がしないか？また，振動，異臭はないか？

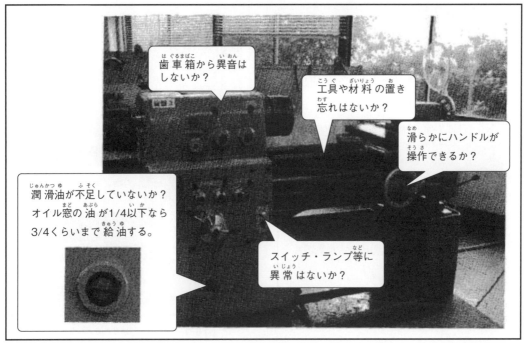

図 8-1-11　作業前の注意点

<参考>　機械の保全：
　　機械に異常があった場合は，次のような対応をする。
1.　責任者（または上司）に連絡する。
2.　責任者（または上司）の指示に従い，専門家と一緒に保全する（自分だけ
　　で修理をしない）。
3.　機械が正常であることを確認してから作業する。

b．加工で使う工具，測定具，加工物等を整理・整頓する。
　　前の作業で使った工具や材料の置き忘れはないか？
c．作業環境を整える。
　　作業をしやすいように明るさや室温を調整する。

— 215 —

(2) **加工前のチェック**

次のことに注意しながら作業を進める（図8-1-12参照）。

a．加工物及び刃物をしっかり取り付ける。

b．工具や加工物が，機械本体，バイス等不用意に接触したりしないか？

c．作業準備時に使った工具等の取り忘れがないか？

d．切削条件は適切か？（適切な回転数（送り速度）

切削条件は適切か？

刃物がしっかりと取付けられているか？

刃物と工作物，バイス等が干渉しないか？

工作物がしっかりとバイスに取付けられているか？

工具等の忘れ物はないか？

図8-1-12　加工時の注意点

(3) **加工中のチェック**

a．加工物や工具を脱着し，また寸法を測定する場合は，機械の電源を切る。

b．切削中は切りくずに手を触れない。切りくずを取り除く時は，必ずハケ等を使用する。

c．機械のテーブル上には切削油以外のものは置かない（特にウエス等は機械に巻き込まれやすい）。

d．加工物を削っている途中で機械の運転を停止させない。（非常時は除く）

e．作業者が機械から一時離れる時は，機械の運転を必ず停止させてから離れる。

f．何人かで作業を行う時は，互いに声を掛け合い，安全を確認しあう。

g．加工で使う工具，測定具，加工物等を整理・整頓する。

(4) **加工後のチェック**

加工作業が終わったら，次の安全チェックを行う。

a．機械の電源を切り，通電されていないことを確認する。

b．機械及び周辺の清掃を行う。（切りくずは分別して捨てる）

c．使った工具，材料等は切りくずや余分な油を拭き取ってから元あった場所に戻し，整理・整頓を行う。

d．機械や工具等に不具合がある時は，必ず責任者（または上司）に連絡する。

<参考＞労働安全衛生規則:「機械による危険の防止:第2節 工作機械」の抜粋:

(立て旋盤等のテーブルへのとう乗の禁止)
・運転中の立旋盤, プレーナー等のテーブルには, 労働者を乗せてはならない。ただし, テーブルに乗った労働者又は操作盤に配置された労働者が, 直ちに機械を停止することができるときは, この限りでない。
・前項ただし書の場合を除いて, 運転中の立旋盤, プレーナー等のテーブルに乗ってはならない。

(研削といしの試運転)
・研削といしについては, その日の作業を開始する前には一分間以上, 研削といしを取り替えたときには3分間以上試運転をしなければならない。

(研削といしの最高使用周速度をこえる使用の禁止)
・研削といしについては, その最高使用周速度をこえて使用してはならない。

(研削といしの側面使用の禁止)
・側面を使用することを目的とする研削といし以外の研削といしの側面を使用してはならない。

第2節　安全衛生

1.　安全衛生標識

　工場の中には，作業者の安全を守るためのいろいろな標識がある。作業者は，標識の意味を理解して守る義務がある。

(1)　注意標識

　作業者に注意を促す標識。『一般注意』『感電注意』『障害物注意』等がある（図 8-2-1 参照）。

(a)一般注意　　　(b)感電注意　　　(c)障害物注意

図 8-2-1　注意標識

(2)　禁止標識

　工場内での禁止事項を知らせる標識で，『禁煙』『接触禁止』『火気厳禁』等がある（図 8-2-2 参照）。

(a)禁煙　　　(b)接触禁止　　　(c)火気厳禁

図 8-2-2　禁止標識

(3)　誘導標識

　非常口や消火器のある場所を知らせる標識で，『非常口』『消火器設置場所』『非常ボタン』等がある（図 8-2-3 参照）。

避難通路のある場所

消火器のある場所

非常を知らせるボタンのある場所

(a)非常口　　　　　　　(b)消火器設置場所　　　　　　(c)非常ボタン

図8-2-3　誘導標識

（4）　危険物の絵表示

物品が持つ危険有害性を利用者に警告するもので，『急性毒性』『可燃性又は引火性』『水性環境有害性』『健康有害性』等がある（図8-2-4参照）。

（a）急性毒性　　（b）可燃性又は引火性　　（c）水性環境有害性　　（d）健康有害性

図8-2-4　危険物の絵表示（GHSに規定）

2.　事故時の応急処置

不幸にして災害（事故や火災）が起きたときは，周囲の人に知らせ，一緒に対処する。

（1）　災害が起きたときの対応

a. 速やかに機械の電源スイッチを切り，運転，送電を停止する。
b. 大きな声で，周囲の人に災害の発生を知らせ，その場の責任者を呼ぶ。
c. 責任者の指示に従い，初期対応をする。
　　火災の場合…初期消火をする。消防へ通報する。
　　怪我の場合…応急処置をする。救急車を呼ぶ。
　　感電の場合…主電源スイッチを切る。負傷者は動かさず，救急車を呼ぶ。

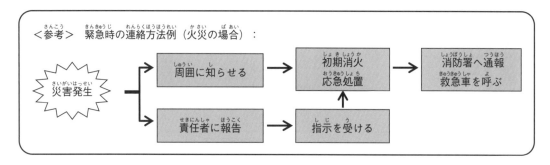

<参考> 緊急時の連絡方法例（火災の場合）：

災害発生 → 周囲に知らせる → 初期消火 応急処置 → 消防署へ通報 救急車を呼ぶ

災害発生 → 責任者に報告 → 指示を受ける → 初期消火 応急処置

（2） **事故事例とその原因・予防**
　　　事故や怪我が起こる原因とその対策について述べる。
　① 機械への巻き込まれ事故（表 8-2-1 参照）

表 8-2-1　巻き込まれ事故の原因

	原因	
1. 作業時の服装	① 作業着の裾をヒラヒラさせていた。 ② マフラーやタオルを首に巻いていた。 ③ 手袋をして機械操作をした。 ④ 長髪を束ねていなかった。	
2. 作業態度	① 主軸の回転方向に立って作業した。 ② 回転部分に触った。 ③ 切削中に切りくずを素手で触った。	

　① 材料・切りくずでの怪我（表 8-2-2 参照）

表 8-2-2　材料・切りくずでの怪我の原因

	原因	
1. 作業時の服装	① 素足，サンダル履き，半ズボン姿で作業した。 ② 保護めがねをかけていなかった。 ③ 腕まくり等をして肌を露出させていた。 ④ 先のとがった材料などを運ぶときに革手袋をしていなかった。	
2. 作業態度	① 主軸の回転方向に立って作業した。 ② 切削中に切りくずを素手で触った。 ③ 回転している工作物に触った。	

(3)　防災訓練

　　職場などで行われる防災訓練には必ず参加して，初期消火や応急処置の仕方を覚える。災害時にスムーズな対応が出来るようにしておく。

3.　健康管理

　　機械加工を安全に行う上で，一番の基本となるのが作業者の健康である。自分の健康をしっかりと管理する習慣を身につける。

(1)　体調管理

　　体調管理の基本は睡眠を十分に取ることである。睡眠不足にならないように自分でしっかり管理する。また，体調が優れない場合は無理をしないで，現場の責任者に連絡して休息を取るようにする。

(2)　重い物の運搬

　　重い物を取扱う時は，次の点に注意する。

①　腰への負担を少なくして，膝を曲げた姿勢から持ち上げるようにする（図8-2-5参照）。

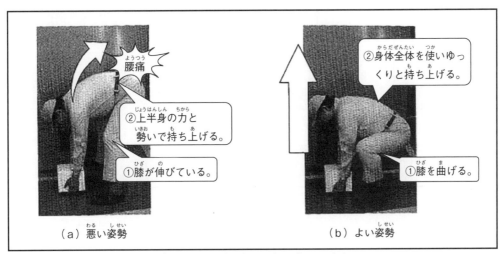

腰痛

②上半身の力と勢いで持ち上げる。

①膝が伸びている。

（a）悪い姿勢

②身体全体を使いゆっくりと持ち上げる。

①膝を曲げる。

（b）よい姿勢

図8-2-5　重量物を持ち上げる姿勢

②　重い物を落とすと大きな事故につながるので，安全靴をはく。

③　油で品物が滑りやすいときは，手袋（軍手等）をする。
　　また，必要によりリフトテーブルやクレーン等を使い運ぶ（図8-2-6参照）。

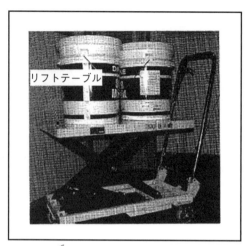

図 8-2-6　リフトテーブル

＜参考＞玉掛け用具を使用して荷をつる場合：

　　2本のワイヤロープで荷をつったときに，ワイヤロープにかかる張力は，同じ質量であっても，図 8-2-7 に示すようにつり角度によって変わる。したがって，つり角度θが大きくなるほど太いワイヤロープを使用しなくてはならない。

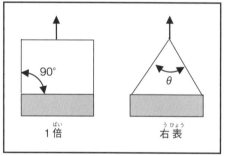

つり角度（θ）	張力増加係数
30度	1.04倍
60度	1.16倍
90度	1.42倍
120度	2倍

図 8-2-7　ワイヤロープのつり角度張力

【2 級 関係】

1．ワイヤロープの点検項目

　　（平成12年2月24日付け基発第96号　玉掛け作業の安全に係るガイドラインより）

・素線の切断（素線の数の10％以上断線していないこと）

・直径の減少，磨耗（減少が7％未満であること）

・キンクがないこと（図 8-2-8 参照）

・つぶれ，うねり，ゆるみ，著しい変形等がないこと
・著しいさび，腐食がないこと
・適正な保油状態であること
・継ぎ箇所，端末処理部の異常がないこと

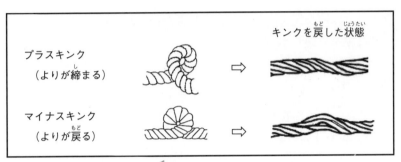

図8-2-8　キンク

第8章　確認問題

以下の問題について，正しい場合は○，間違っている場合は×で解答しなさい。

（1）　工作機械で事故を起こしても死亡するようなことはない。

（2）　工作機械には危険な箇所すべてに安全対策が採られている。

（3）　切削工具は素手で取り扱う。

（4）　切りくずを素手で取り除くと怪我をするので，必ず軍手を着用する。

（5）　作業者は，安全装置がいつでも扱える位置で作業をしなければならない。

（6）　加工を始める前に工作物や刃物がチャック等にぶつからないか確認する。

（7）　効率良く作業をするために，機械のテーブルの上にウエスや測定具を置いておく。

（8）　歯車箱のオイルが不足しているときは，切削油を給油する。

（9）　長髪の作業者は，髪を束ねてから作業する。

（10）　作業するときは，動きやすければどの様な服装でもよい。

（11）　材料を運ぶときは，手袋を着用してもよい。

（12）　事故が起きたときは，大きな声で周囲に知らせる。

（13）　2本のワイヤロープで荷を吊った場合，つり角度を変えてもロープに働く荷重は変化しない。

（14）　ワイヤロープにキンクがあっても戻せば使って良い。

（15）　研削といしで作業をする場合，砥石の交換後は1分間以上の試し運転をする。

第8章　確認問題の解答と解説

（1）　×　（理由：死亡したり，身体に障害が残る等の重大な事故が起こる。）

（2）　×　（理由：機械の構造上，カバーが取り付けられない箇所がある（チャック等）。）

（3）　×　（理由：切削工具は刃物なので，ウエス等を巻いて手を切らないようにする。）

（4）　×　（理由：切削中の切りくずは，ハケやブラシ等を使い取り除く。）

（5）　○

（6）　○

（7）　×　（理由：機械のテーブルの上には，切削油のみ置いてもよい。）

（8）　×　（理由：工作機械メーカーが指定した潤滑油を給油する。）

（9）　○

（10）　×　（理由：工作作業に適した服装をする必要がある。）

（11）　○

（12）　○

（13）　×　（理由：角度が大きくなるほど荷重は大きくなる。）

（14）　×　（理由：キンクを直して使ってはいけない。）

（15）　×　（理由：研削といし作業を開始する前には1分間以上，といしを取り替えた
ときは3分間以上の試運転をして安全確認をする。）

（参考）用語集

No.	用語	ひらがな	内容，意味
	あ 行		
1	アーバサポート	あーばさぽーと	アーバ（主軸）を支持すること
2	R	あーる	半径（Rで表す）
3	安全衛生標識	あんぜんえいせいひょうしき	作業者への安全衛生意識を高め，安全作業をするよう指示した標識
4	安全点検	あんぜんてんけん	作業が安全にできるかを点検すること
5	安全装置	あんぜんそうち	安全作業できるように取り付けられた装置
6	アンビル面	あんびるめん	マイクロメータのフレーム側にある測定するための基準面
7	移動側口金	いどうがわくちがね	バイスで工作物を取付けるために移動する金具
8	インデックスプレート	いんでっくすぷれーと	割出し盤で用いる等間隔に分割された穴のある板
9	インバータ	いんばーた	直流を交流に変換する装置の一種
10	ウエス	うえす	機械，工具，材料，製品等を拭く布きれ
11	ウォーム	うぉーむ	ウォームホイールとかみあって，動力を直角方向に変換する歯車
12	ウォームホイール	うぉーむほいーる	ウォームの動力を直角方向に変換する歯車
13	上向き削り（アップカット）	うわむきけずり（あっぷかっと）	刃物の回転方向と工作物の送り方法が逆の切削方法。
14	NC	えぬしー	数値制御のこと
15	NC旋盤	えんしーそうち	数値制御により動作する旋盤
16	NCフライス盤	えぬしーふらいすばん	数値制御により動作するフライス盤
17	エプロン	えぷろん	旋盤の親ねじや送り軸等がまとまって格納されている部分
18	円テーブル	えんてーぶる	円を加工するときに工作物を取り付けるテーブル
19	円筒切削	えんとうせっさく	工作物を円柱状に削ること
20	エンドミル	えんどみる	主に立てフライス盤で用いる切削工具。外周と底面に刃がある
21	往復台	おうふくだい	旋盤のベッド上を左右に移動させる装置。エプロン，サドル，刃物台からなる
22	オーバーアーム	おーばーあーむ	横フライス盤のアーバーサポートを支持するもの
23	送り軸	おくりじく	横送りや縦送りのときに使う軸
24	送り切替えレバー（種類）	おくりきりかえればー（しゅるい）	縦送りにするか，横送りにするかを切り替えるレバー
25	送り切替えレバー（速度）	おくりきりかえればー（そくど）	送りの速さを変えるレバー
26	送り切替えレバー（方向）	おくりきりかえればー（ほうこう）	右に送るか，左に送るかを決めるレバー

No.	用語	ひらがな	内容，意味
27	送り装置	おくりそうち	旋盤のテーブル等を移動させる装置，エプロンと往復台をいう
28	送り速度（旋盤）	おくりそくど(せんばん)	工作物の1回転当たりにバイトが送られる距離
29	送り速度（フライス盤）	おくりそくど（ふらいすばん）	1分間にテーブルが移動する距離（mm）
30	親ねじ	おやねじ	旋盤でねじ切りするとき，主軸の回転に合わせて，往復台を動かすねじの棒
31	送り量	おくりりょう	切削のとき，切削工具または工作物を送る量

か　行			
No.	用語	ひらがな	内容，意味
32	回転センタ	かいてんせんた	高速回転のとき心押台で使うセンタのこと（工作物が長い場合一端を支持する）
33	回転体	かいてんたい	回転する物（円柱，丸棒等）
34	カエリ	かえり	加工したとき製品にできる突起部（バリともいう）
35	かくれ線	かくれせん	品物の見えない内部を表す線
36	加工	かこう	人が手作業や機械・道具等を使ってものを作ること
37	加工材	かこうざい	加工されるもの（材料ともいう）
38	側フライス	がわふらいす	横フライス盤で使う工具。外周と側面に刃がある
39	機械バイス	きかいばいす	ねじの力で工作物を締め付けるバイス
40	基準位置検出バー	きじゅんいちけんしゅつばー	偏芯をなくして位置を検出する測定器
41	基準位置測定器	きじゅんいちそくてい	ライトの点滅により被測定物の位置を検出する測定器
42	基準面	きじゅんめん	工作物を取り付けたり，加工するときに基準となる面
43	起動ボタン	きどうぼたん	工作機械の運転を開始するボタンスイッチ
44	切りくず	きりくず	切削によって工作物から取り除かれた工作物の小片。切粉
45	切り込み	きりこみ	切削するときに刃物（切削工具）で切り込む深さ
46	QC 7つ道具	きゅーしーななつどうぐ	品質管理を行う時に用いる手法
47	給油	きゅうゆ	工作機械等の回転部分やしゅう動面に油をさすこと
48	キンク	きんく	ワイヤーロープがねじれて結節し，又はこれに順ずる状態となったものをいう。
49	禁止標識	きんしひょうしき	禁止事項（やってはならないこと）を表す標識
50	クイックチェンジホルダ	くいっくちぇんじほるだ	ミーリングチャック等を簡単に交換する器具
51	クイル	くいる	主軸を支え立てるフライス盤の軸
52	クイル上下移動機構	くいるじょうげいどうきこう	穴あけ・深座ぐり・中ぐり加工を行うためのしくみ
53	クーラント	くーらんと	切削油剤のこと

No.	用語	ひらがな	内容，意味
54	クラッチ	くらっち	軸を連結したり，切り離したりする装置
55	クラッチ軸	くらっちじく	主軸を回転または停止させる軸
56	クランプバイト	くらんぷばいと	チップをシャンクに機械的に取付けたバイト（スローアウェイともいう）
57	クランププレート	くらんぷぷれーと	工作物を締め付けるときに用いる板
58	クランプレバー	くらんぷればー	テーブル，軸等を動かないように固定するもの
59	クレータ摩耗	くれーたまもう	すくい面摩耗のうち，くぼみが生じる摩耗
60	工作物	こうさくぶつ	加工しようとする材料。決められた寸法や形状に加工されるもの
61	工程	こうてい	作業を進める順序
62	固定側口金	こていがわくちがね	バイスで工作物を取付けるために基準となる面
63	コラム	こらむ	フライス盤の本体を構成するもので，主軸駆動機構，送り機構などの全部又は一部を内蔵し，機械の本体を構成する立ち上がった柱
64	コンバータ	こんばーた	交流を直流に変換する装置の一種

さ 行			
No.	用語	ひらがな	内容，意味
65	作業	さぎょう	しごとをする動作
66	サドル（旋盤）	さどる（せんばん）	旋盤のベッドの上を左右にしゅう動する装置（往復台の一部分）
67	サドル（フライス盤）	さどる（ふらいすばん）	テーブルを前後に移動する台
68	座ぐり	ざぐり	沈め穴を加工するフライス削り
69	三相交流	さんそうこうりゅう	電流または電圧の位相を，互いにずらした3系統の単相交流を組み合わせた交流のこと
70	仕上げ代	しあげしろ	工作物を仕上げるために荒削りで残す寸法
71	C1	しーいち	Cは角を45°の角度で削る意味。1は幅が1mmのこと
72	始業点検	しぎょうてんけん	作業を行う前に，機械・工具，または作業環境等を点検すること
73	治具	じぐ	工作物を位置決めし，取付け，刃物を案内する器具
74	下向き削り（ダウンカット）	したむきけずり（だうんかっと）	刃物の回転方向と工作物の送り方向が同じ切削方法。
75	始動	しどう	機械を動かし始めること
76	絞り	しぼり	金属材料の試験方法の1つ。ちぎれた試験片の最小断面積と試験前の長さに対する百分率
77	ジャッキ	じゃっき	ねじを利用して品物を押し上げる器具
78	シャンク	しゃんく	バイト等の柄（取付け台に固定する部分）
79	重量物	じゅうりょうぶつ	人の手では持ち上げられないほどの重いもの（通常は20kgを越えるくらいのもの）

80	主軸	しゅじく	機械加工する時に，工具を取付け，工作機械の中心となる軸（スピンドルともいう）
81	主軸回転速度変速レバー	しゅじくかいてんそくどへんそくればー	主軸（スピンドル）の回転数を変えるレバー
82	主軸回転数変換機構	しゅじくかいてんすうへんかんきこう	主軸の回転数を変換するためのしくみ
83	主軸台	しゅじくだい	主軸（スピンドル）を支え，チャックを取付ける旋盤で最も大切な部分
84	主軸起動レバー	しゅじくきどうればー	主軸（スピンドル）を回転させるためのレバー
85	手動	しゅどう	機械装置等を人間の手で動かすこと
86	ショア硬さ試験	しょあかたさしけん	金属材料の試験方法の1つ。試験機のハンマを落下させたときに跳ね返る高さで硬さを測る
87	定盤	じょうばん	表面を平らに仕上げた鋳鉄製の台。けがきや測定作業で用いる
88	正面フライス	しょうめんふらいす	立てフライス盤等で使う切削工具で，平面切削に用いる
89	心押軸	しんおしじく	センタやドリルをモールステーパ穴に取付ける軸
90	心押台	しんおしだい	工作物の右端をセンタで支えたり，ドリルをつけて穴あけ等をする装置
91	心出し	しんだし	主軸の中心と工作物の中心を一致させること
92	シンニング	しんにんぐ	切削加工時の切削抵抗を小さくするために，刃物の刃先を研磨すること
93	シンブル	しんぶる	マイクロメータのスピンドルに直結され，外周に50等分の目盛が付けてある。
94	数値制御	すうちせいぎょ	コンピュータにより，予め作成したプログラムにより機械・装置を動かすこと
95	スタッドボルト	すたっどぼると	両端にねじ部を持つボルト
96	スピンドル	すぴんどる	主軸台で支えられ，チャック等を取付ける軸（主軸ともいう）
97	スピンドル面	すぴんどるめん	マイクロメータのスピンドル側にある測定基準面
98	図面	ずめん	立体の品物を平面上に表した図
99	スリーブ	すりーぶ	内径と外径がテーパに作られている。小さなテーパのドリルを大きなテーパ穴のスピンドルに取付けるときなどに使う
100	寸法線	すんぽうせん	寸法を記入する線
101	スローアウェイチップ	すろーあうえいちっぷ	刃先チップを交換できるタイプの工具
102	切削条件	せっさくじょうけん	工作物を切削するときの切削速度・切り込み・送り速度の条件
103	切削速度	せっさくそくど	刃物が1分間（min）に切削する距離（m）
104	切削熱	せっさくねつ	切削している時に出る熱
105	切削油剤	せっさくゆざい	摩擦熱の発生や切くずのからまりを防ぐためにかけるもの
106	切断線	せつだんせん	切断する位置を表す線
107	全数検査	ぜんすうけんさ	検査対象となる製品を，1個ずつすべて検査する方法のこと

108	センタ	せんた	工作物や軸等の中心
109	センタ押し	せんたおし	材料の左端をチャックでつかみ，右端をセンタで押すこと
110	センタ穴ドリル	センタあなどりる	ドリルの先端が横に逃げないように案内穴をあける工具
111	先端刃先角	せんたんはさきかく	ドリル先端の刃先角度（通常118°）
112	総形エンドミル	そうがたえんどみる	特殊形状の加工に用いるエンドミルの総称

た 行			
No.	用語	ひらがな	内容，意味
113	耐力	たいりょく	金属材料の試験方法の1つ。材料が耐えられる力の限界点
114	タップ	たっぷ	めねじを切る工具
115	縦送り	たておくり	ベッドの並びと同一方向に往復台を送ること
116	立てフライス盤	たてふらいすばん	主軸とテーブルが垂直になったフライス盤
117	立て旋盤	たてせんばん	主軸台を下にして立てた旋盤
118	大量生産	たいりょうせいさん	同じ形・寸法の製品を数多く作ること
119	玉掛け	たまがけ	クレーン等で荷を掛けたり，外したりする作業
120	単相交流	たんそうこうりゅう	2本の電線を用いて交流電流を伝送する方法のこと
121	断付き部	だんつきぶ	加工品（製品・部品）の段差
122	断面図	だんめんず	外から見えない内部を解るように書いた図
123	チッピング	ちっぴんぐ	刃物の刃先が細かく欠けること
124	チップ	ちっぷ	クランプバイトのシャンクに付ける小さな刃
125	チップポケット	ちっぷぽけっと	切削中の切りくず生成，収容および排出を容易にするために設けられたくぼみ
126	チャッキング	ちゃっきんぐ	工作物等をチャックでつかむこと
127	チャック	ちゃっく	工作物や刃物を締め付けて固定する工具
128	注意標識	ちゅういひょうしき	注意を促す標識
129	中心線	ちゅうしんせん	図形の中心を表す線
130	中立	ちゅうりつ	自動で動かないように，歯車をかみ合わせなくすること
131	つかみ代	つかみしろ	工作物をチャックでつかむ長さ
132	付刃バイト	つけばばいと	高速度鋼や超硬チップをシャンクにロウ付けしたバイト
133	つり具	つりぐ	クレーン等の巻上げ用ワイヤーロープによりつるされ，荷をつり上げるために用いられる用具のこと
134	停止	ていし	機械や装置の運転を止めること
135	テーパシャンク	てーぱしゃんく	形状が円筒形で，直径が一定の割合で大きくなっていく柄のこと

136	テーブル送り速さ	てーぶるおくりはやさ	テーブルが1分間に移動する距離（mm）
137	T溝	てぃーみぞ	フライス盤のテーブルにある逆T型の溝
138	てこ式ダイヤルゲージ	てこしきだいやるげーじ	測定子が前後に動き，回転運動で表示する測定具
139	デジタルカウンタ	でじたるかうんた	軸の位置を数値で表示する測定器
140	電源スイッチ	でんげんすいっち	電気の入力側にあるON，OFFのスイッチ
141	電動機	でんどうき	モータのこと
142	投影図	とうえいず	品物の形を最もよく表すための正面図・側面図・底面図等
143	同心円	どうしんえん	1つの中心をもつ2つ以上の円
144	取付け具	とりつけぐ	切削時に工作物を保持するもの
145	ドリル	どりる	穴あけ加工に用いる切削工具
146	ドリルチャック	どりるちゃっく	ドリル等を取付ける器具
147	ドリル抜き	どりるぬき	ドリル等をスリーブやスピンドルから取外す時に使う工具
148	ドリルの逃げ	どりるのにげ	ドリルには，周辺の逃げ・切刃の逃げ・長手の逃げの3つがある
149	ドローイングボルト	どろーいんぐぼると	主軸頭にあるボルトでチャック，ホルダを取付ける
150	トンボ	とんぼ	工作物の向きを上下，または左右に入れ替えること

| な 行 | | | |
No.	用 語	ひらがな	内容，意味
151	中ぐり	なかぐり	ドリル等であけた穴をバイトで広げる加工方法
152	ニー	にー	フライス盤を構成する部分のひとつで，コラムに沿って上下に移動する台
153	ニータイプ	にーたいぷ	ニーが上下に移動する工作機械の型
154	抜取検査	ぬきとりけんさ	検査対象となる製品のロットの一部のみを検査し，ロット全体の合否を判定する方法
155	ねじれ角	ねじれかく	ドリルのねじれみぞの角度で20～30°になっている。バイトのすくい角に相当
156	熱処理	ねつしょり	金属材料を加熱や冷却してその特質を変えること
157	ノギス	のぎす	製品等の各部の寸法を測る測定器
158	ノーズ	のーず	切刃の先端がRとなっている部分

| は 行 | | | |
No.	用 語	ひらがな	内容，意味
159	バーニヤ目盛	ばーにやめもり	ノギスの一部（副尺）。拡大目盛
160	バイス	ばいす	両口金の間に工作物をとりつける器具

161	バイト	ばいと	旋盤作業で使う切削用の刃物
162	ハイトゲージ	はいとげーじ	高さを測る測定器
163	刃先角度	はさきかくど	バイトの刃先の角度（上すくい角・横すくい角・逃げ角・切れ刃角等がある）
164	破断線	はだんせん	品物の一部を取去ったことを表す線
165	バックラッシ	ばっくらっし	運動する機械要素において，意図して設けられた隙間のこと
166	刃物	はもの	切削用に使う工具（刃具ともいう）
167	刃物台	はものだい	バイトを取付ける部分
168	バリ	ばり	切削面の角に出る出っ張り
169	ハンドル	はんどる	機械の部分的な箇所を操作するために手で動かす部分
170	ヒール	ひーる	フライスの逃げ面と溝とのつなぎ部分
171	引出線	ひきだしせん	説明や記号を入れるために引き出した線
172	非常停止	ひじょうていし	加工作業中に緊急事態が発生して工作機械を急に止めること
173	非常停止押しボタン	ひじょうていしおしぼたん	非常時に緊急に機械を停止させるためのスイッチ（赤色）
174	ビッカース硬さ試験	びっかーすかたさしけん	金属材料の試験方法の1つ。試験片に正四角錐の圧子を押し込んだときにできるくぼみの対角線で硬さを測る
175	引張強さ	ひっぱりつよさ	金属材料の試験方法の1つ。試験片を引っ張ってちぎれるときの力を測る
176	びびり振動	びびりしんどう	切削抵抗が大きかったり工作物が長いときに出る振動
177	表題欄	ひょうだいらん	図面の書き方や作成者・図名等を記入した枠
178	表面硬化	ひょうめんこうか	低炭素鋼を用いて，その表面だけを硬化させる熱処理のこと。
179	不水溶性切削油	ふすいようせいせっさくゆ	水に希釈せずに使用する切削油剤
180	プーリ	ぷーり	モータ，主軸間にVベルトを掛けて回転数を変えるもの
181	Vベルト	ぶいべると	断面が台形をした環状のゴムベルト
182	深座ぐり	ふかざぐり	ボルト，ナットの頭部を加工物に沈める加工方法
183	ブリネル硬さ試験	ぶりねるかたさしけん	金属材料の試験方法の1つ。圧子を押し込んで，そのときできるくぼみの面積で硬さを測る方法
184	ブレインストーミング	ぶれいんすとーみんぐ	集団でアイデアを出し合う時に用いる手法のこと
185	平行台	へいこうだい	工作物の高さや傾きを調整するのに用いるもの
186	平面研削	へいめんけんさく	平らな面を加工すること
187	ベッドタイプ	べっどたいぷ	主軸が上下に移動する工作機械の型
188	保護具	ほごぐ	災害にあわないように作業者が着用する道具
189	保護めがね	ほごめがね	作業者の目を守るためのめがね
190	本尺目盛	ほんじゃくめもり	ノギスやハイトゲージ等の本体に刻まれた目盛

	ま 行		
No.	用 語	ひらがな	内容，意味
191	マージン	まーじん	ランド上で，切れ刃に連なり逃げの付いていない部分，丸ランドともいう。
192	マイクロメータ	まいくろめーた	製品の外側の寸法を測る測定器
193	マシニングセンタ	ましにんぐせんた	ATC（自動工具交換装置）を有するNCフライス盤
194	ミーリングチャック	みーりんぐちゃっく	エンドミル等を取付ける器具
195	面取り	めんとり	加工物の角を斜めに削る加工
196	モールステーパ	もーるすてーぱ	円筒の直径が20分の1の割合で変わっていく形状のこと

	や 行		
No.	用 語	ひらがな	内容，意味
197	焼入れ	やきいれ	鉄鋼材料を800℃以上に加熱後，急冷して硬い組織にすること
198	焼なまし	やきなまし	材料を炉の中でゆっくりと冷して柔らかさを出すこと
199	焼ならし	やきならし	材料を加熱した後，空冷して材料の組織を均一にすること
200	焼戻し	やきもどし	焼入れで硬くなったが，もろい材料を再加熱して，粘り強くすること
201	油圧バイス	ゆあつばいす	油の圧力で工作物を締め付けるタイプのバイス
202	誘導標識	ゆうどうひょうしき	非常口や消火器等のある場所を示す標識
203	横送り	よこおくり	ベッドに対して直角に刃物台を送ること
204	横フライス盤	よこふらいすばん	主軸がテーブルに対して水平に付いているフライス盤

	ら 行		
No.	用 語	ひらがな	内容，意味
205	ラチェットストップ	らちぇっとすとっぷ	マイクロメータの一部（つまみ）。一定の圧力以上で空回りする。定圧装置。
206	ラフィングエンドミル（荒削りエンドミル）	らふぃんぐえんどみる（あらけずりえんどみる）	波型の外周部をもつエンドミル。荒削りに用いる
207	ランド	らんど	溝をもつフライスの，切れ刃からヒールまでの提状の幅をもった部分
208	リーマ	りーま	穴の内面をなめらかにする仕上げ用切削工具
209	両センタ支持	りょうせんたしじ	主軸の回転センタと心押軸の止まりセンタで支えること
210	レバー	ればー	機械の部分的な箇所を操作するために手で動かす握り
211	ロックウェル硬さ試験	ろっくうぇるかたさしけん	金属材料の試験方法の1つ。試験片に圧子を押しこんだ時にできるくぼみの深さで硬さを測る

212	ロット	ろっと	同じ条件のもとに作られる製品のかたまりを表し，生産や出荷の最小単位のこと

わ　行			
No.	用　語	ひらがな	内容，意味
213	割出し台	わりだしだい	加工を等分に分割するときに用いる取付け具の一種

引用文献・参考文献・ご協力企業 等

　次に記載した文献は，著作者や企業等のご理解とご協力をいただき引用あるいは参考とした文献等のご紹介です。ここに明記し，深く，感謝の意を表します。

【引用文献】

著作物のタイトル等	出版社名等
JIS　B4053：2013　切削用超硬質工具材料の使用分類及び呼び記号の付け方	一般財団法人日本規格協会
JIS　B4120：2013　刃先交換チップの呼び記号の付け方	一般財団法人日本規格協会
知っておきたいプロツールの基礎知識　ココミテ（ISBN 978-4-907590-00-0)	トラスコ中山株式会社
技術情報　テクニカルデータ　エンドミル加工	オーエスジー株式会社
オークマ株式会社＞ホームページ＞製品情報	オークマ株式会社
株式会社牧野フライス製作所＞ホームページ＞製品紹介	株式会社牧野フライス製作所
新潟精機株式会社＞ホームページ＞製品情報	新潟精機株式会社
株式会社東京精密＞ホームページ＞製品情報	株式会社東京精密
株式会社カシフジ＞ホームページ＞製品情報	株式会社カシフジ
日本電産シンポ株式会社＞ホームページ＞製品情報	日本電産シンポ株式会社
株式会社ミツトヨ＞ホームページ＞商品情報	株式会社ミツトヨ
三菱マテリアル株式会社加工事業カンパニー＞ホームページ＞技術情報／計算式＞回転工具：カッタ	三菱マテリアル株式会社

【参考文献】

著作物のタイトル	出版社名
JIS　Z7253:2019 GHSに基づく化学品の危険有害性情報の伝達方法−ラベル，作業場内の表示及び安全データシート（SDS)	一般財団法人日本規格協会
JISハンドブック　JIS HB 5　工具　2019（ISBN 978-4-5421-8732-0)	一般財団法人日本規格協会

JIS 使い方シリーズ　機械製図マニュアル（第4版）　　一般財団法人日本規格協会

（ISBN 978-4-5423-0423-9）

JIS　B1011：1087　センタ穴　　一般財団法人日本規格協会

JIS　B0171：2014　ドリル用語　　一般財団法人日本規格協会

JIS　B6310：2003　産業オートメーションシステム－　　一般財団法人日本規格協会

機械及び装置の制御－座標系及び運動の記号

JIS　B0170：1993　切削工具用語（基本）　　一般財団法人日本規格協会

JIS　B0172：1993　フライス用語　　一般財団法人日本規格協会

JIS　B4703：1966　鉄工やすり　　一般財団法人日本規格協会

絵とき　切削加工　基礎のきそ　　株式会社日刊工業新聞社

（ISBN 978-4-526-05693-2）

機械・仕上げの総合研究（上・下）　　株式会社技術評論社

（ISBN 978-4-7741-6568-4　ISBN 978-4-7741-6569-1）

機械材料（ISBN 978-4-87563-010-4）　　一般社団法人雇用問題研究会

切削加工のツボとコツ（ISBN 978-4-526-06273-5）　　株式会社日刊工業新聞社

トコトンやさしい　工作機械の本　　株式会社日刊工業新聞社

（ISBN 978-4-526-06764-8）

はじめての工作機械　副読本　改訂21版　　株式会社ニュースダイジェスト社

一級技能士コース　機械加工科〈教科書〉　　一般財団法人職業訓練教材研究会

（ISBN 978-4-7863-3101-5）

機械・仕上1・2級技能検定　学科の急所　上巻・下巻（ISBN 978-4-88049-8-91-1　ISBN 978-4-88049-8-92-8）　　株式会社ジャパンマシニスト社

機械系　大学講義シリーズ25　工作機械工学（新版）　　株式会社コロナ社

（ISBN 978-4-339-04103-3）

機械工学入門シリーズ　工作機械入門　　株式会社理工学社

（ISBN 978-4-8445-2254-6）

機械系教科書シリーズ3　機械工作法（増補）　　株式会社コロナ社

（ISBN 978-4-339-04481-2）

機械実用便覧　改訂第7版（ISBN 978-4-88898-209-2）　　一般社団法人日本機械学会

機械測定法（ISBN 978-4-87563-409-6）　一般社団法人雇用問題研究会

精密測定器の豆知識　カタログ No.11003⑼　2019年10月　株式会社ミツトヨ

改訂2版　品質管理入門テキスト　一般財団法人日本規格協会

（ISBN 978-4-542-50264-2）

作成：職種別教材作成作業部会　機械加工

【作業部会委員】

有賀　実　　株式会社牧野フライス製作所

武雄　靖　　ものつくり大学

平手　基　　オークマ株式会社

【事務局】
公益財団法人国際人材協力機構　実習支援部　職種相談課

【本テキストについてのお問い合わせ先】
公益財団法人国際人材協力機構　実習支援部　職種相談課
〒108-0023　東京都港区芝浦2-11-5　五十嵐ビルディング
電話：03-4306-1181　　Fax.03-4306-1115

技能実習レベルアップ シリーズ　**2**

機械加工（普通旋盤・フライス盤）

2020年 8 月　初版

発行　公益財団法人 国際人材協力機構　教材センター
〒108-0023　東京都港区芝浦 2 - 11 - 5
五十嵐ビルディング11階
TEL：03-4306-1110
FAX：03-4306-1116
ホームページ　https://www.jitco.or.jp/

技能実習レベルアップ　シリーズ　既刊本

	職　　種	定　価
1	溶接	本体：2,700円＋税
2	機械加工（普通旋盤・フライス盤）	本体：2,700円＋税

　シリーズは順次，拡充中です。最新の情報は，JITCO ホームページ内にある「教材・テキスト販売」のページ（https://www.jitco.or.jp/ja/service/material/）で確認してください。